# The Butterfly Effect
# 蝴蝶效应

志晶 著

古吴轩出版社
中国·苏州

图书在版编目（CIP）数据

蝴蝶效应 / 志晶著. — 苏州：古吴轩出版社，2018.8（2020.9重印）
ISBN 978-7-5546-1174-6

Ⅰ.①蝴… Ⅱ.①志… Ⅲ.①心理学—通俗读物 Ⅳ.①B84-49

中国版本图书馆CIP数据核字（2018）第146796号

责任编辑：蒋丽华
见习编辑：薛　芳
策　　划：张　历
装帧设计：平　平

| 书　　名： | 蝴蝶效应 |
|---|---|
| 著　　者： | 志　晶 |
| 出版发行： | 古吴轩出版社 |

地址：苏州市八达街118号苏州新闻大厦30F　　邮编：215123
电话：0512-65233679　　传真：0512-65220750

出 版 人：尹剑峰
经　　销：新华书店
印　　刷：天津旭非印刷有限公司
开　　本：880×1230　1/32
印　　张：8.5
版　　次：2018年8月第1版
印　　次：2020年9月第3次印刷
书　　号：ISBN 978-7-5546-1174-6
定　　价：36.00元

如发现印装质量问题，影响阅读，请与印刷厂联系调换。022-22520876

# 目录

## 第一章
### 拆屋效应：聪明人的心理博弈技巧

拆屋效应：一旦破例即成习惯 / 002

米格-25效应：合作、互惠与共赢 / 006

蜕皮效应：打破困扰自身的樊笼 / 010

高斯假说：找到生命的坐标 / 014

秃头悖论：即使身处顺境，也要心怀忧惧 / 018

## 第二章

### 蝴蝶效应:透过表象看到事物的发展趋势

蝴蝶效应:微小的事物之下潜藏着的未来 / 022

波特法则:独特的定位,造就独特的竞争优势 / 026

投射效应:理性地看待周围的人与事 / 030

飞轮效应:从优秀到卓越,源于足够的坚持 / 033

翁格玛丽效应:内外兼修,成就最好的自己 / 037

## 第三章

### 迪斯忠告:充分利用好每一个"今天"

迪斯忠告:当下的你,塑造着未来的你 / 042

艾森豪威尔法则:优先去做最紧要的事 / 045

杜根定律:相信你是最好的,你就可以是最好的 / 049

费斯法则:你的态度,决定你的高度 / 053

费斯诺定理:少说多听的力量 / 057

## 第四章

### 二八法则：那些支配事物发展的关键因素

二八法则：把握起主导作用的关键点 / 062

阿罗定理：让所有人满意是不可能的 / 066

犯人船理论：好的制度，才能克制不好的人性 / 070

弗洛斯特法则：明确自身选择的边界 / 073

本尼斯第一定律：周全规划，成就不平凡的事业 / 076

## 第五章

### 史密斯原则：合作，让智者借力而行

史密斯原则：如果不能战胜对方，不如加入对方 / 080

边际递减效应：当投入与付出不成正比时 / 084

沉没成本效应：不愿割舍的代价是失去更多 / 087

杜嘉法则："无声"的管理 / 091

德尼摩定律：把合适的人放在合适的位置 / 094

## 第六章

## 链状效应：不一样的心态，不一样的人生

链状效应：你的心态，决定你的生活 / 100
心理摆效应：别让他人左右你的情绪 / 104
相关定律：万事万物皆有关联 / 108
皮尔斯定理：知道的前提，是意识到无知 / 112
杜利奥定理：驾驭生命，还是被命运驾驭 / 116

## 第七章

## 期望定律：贴什么样的标签，就会造就什么样的人

期望定律：希望的神奇力量 / 122
卡瑞尔公式：接受最坏的，追求最好的 / 126
改宗效应：倾听反对者的声音 / 130
恶魔效应：全面而准确地认识他人 / 134
麦穗理论：不求最好，只求最适合 / 138

## 第八章

## 多米诺骨牌效应：失败或成功都是连锁发生的

多米诺骨牌效应：牵一发而动全身的连锁反应 / 144

赫勒尔法则：没有监督，就没有动力 / 148

刺猬法则：保持距离，才更有美感 / 152

多看效应：要想别人记住你，就在人前多露脸 / 156

艾奇布恩定理：做聪明的管理者 / 159


## 第九章

## 权威效应：以理性的态度面对世界

权威效应：打破盲从的幻象 / 164

情感宣泄定律：优秀的人从来不会输给情绪 / 168

权变理论：看问题不止一种角度 / 172

前景理论：先人一步的决断力 / 176

半途效应：坚持到最后，才能笑到最后 / 180

## 第十章

## 罗伯特定理：成功，从相信自己开始

罗伯特定理：除了你自己，没人能够打倒你 / 184

比较优势原理：让优势发挥最大的作用 / 187

鲇鱼效应：外来的压力，也是最好的动力 / 192

肥皂水效应：适当的赞美，让人际关系更美好 / 195

青蛙法则：你的气度，决定你的格局 / 199

## 第十一章

## 达维多夫定律：做别人做不到的事情

达维多夫定律：敢为人先，终能成就自我 / 204

贝勃定律：尺度的重要性 / 208

杜利奥定律：保持热情，主动选择生活的方向 / 212

华盛顿合作定律：重视合作，避免内耗 / 216

情绪定律：情绪，看不见的隐性能量 / 221

## 第十二章

## 答布效应：找准自己的人生定位

答布效应：规范自己的角色，才能找准自己的位置 / 226

冷热水效应：预设伏笔，为人际沟通加分 / 230

刚柔定律：过分执着，往往失之于偏执 / 233

特里法则：承认错误是一个人最大的力量源泉 / 237

韦奇定律：尊重内心深处的真正选择 / 240

## 第十三章

## 过度理由效应：深入发掘内因，才能发现事物的本质

过度理由效应：深入发掘内因，才能发现事物的本质 / 244

关系场效应：群体与个体的博弈 / 247

海格力斯效应：和谐的人际关系利他更利己 / 250

竞争优势效应：让有效沟通成为竞争中的润滑剂 / 253

鲁尼恩定律：谨言慎行，方能成为人生赢家 / 256

# 第一章

# 拆屋效应：
# 聪明人的心理博弈技巧

## 拆屋效应：
## 一旦破例即成习惯

所谓拆屋效应，是指在谈判过程中，先提出一个很大的、对方难以接受的要求，然后再降低条件，提出较小的、对方能够接受的要求，如此一来，对方从心理上更容易接受，也更容易达成目的。

这一效应在鲁迅先生写于1927的《无声的中国》一文中有着极为贴切的描述："中国人的性情是总喜欢调和、折中的，譬如你说，这屋子太暗，须在这里开一个窗，大家一定不允许的，但如果你主张拆掉屋顶，他们就会来调和，愿意开窗了。"

我们来对比一下以下的两种情况：

第一种情况是先提出一个对方难以接受的不合理要求，然后再提出一个相对而言比较容易达成的要求；第二种是直接提出比较容易达成的要求。对于这两种情况，哪一种更容易被别人接受呢？心理学家们进行各类实验，最终都证明，第一种情况下，随后提出的容易达成的那个要求更容易被人们接受，而直接提出这一要求时，人们却不那么容易接受。这就是拆屋效应的影响。

这一效应隐含着双方的心理博弈。当你提出一个不合理的高要求时，对方会马上权衡得失，进而开始调整自己的心理预期，做出最坏的打算；而此时出现一个更为合理的要求，对方为了防止更坏的情况出现，同时也因为拒绝了前一个要求而对你有所愧疚，不愿意两次连续地拒绝同一个人，会尽量满足你的要求，做出适当的妥协，从而达成你最初想达成的目的。

正如著名管理学家罗杰斯所说的，"每个人都有折中思想，你要善于利用这种思想迫使别人让步，继而达到自己的目的"。在现实的商界博弈中，很多谈判高手就非常有效地利用了拆屋效应。

美国大富豪霍华德·休斯是一位非常成功的企业家，而比他的成功更出名的，无疑是他暴躁的脾气和执拗的性格。

有一次，霍华德·休斯想要购买一批飞机，数量多，金额大，这对于飞机制造商来说实在是一笔好生意。但是，双方初始的接触过程很不顺利，甚至可以说是波折重重。霍华德·休斯提出，要在协议上写清楚他多达34项的要求，而且，其中的11项必须得到满足。他立场强硬，态度蛮横，言语简单粗暴，丝毫不考虑对方是否能接受，也没有一点可以转圜的余地，这也使得飞机制造商非常愤怒，拒不让步，甚至宣布，不再与霍华德·休斯进行谈判。如此一来，双方的谈判一下子陷入了僵局。

而实际上，霍华德·休斯满心希望这批飞机得以顺利地制造，而飞机制造商也不想放弃这笔生意所带来的丰厚利益，有一点确定无疑——虽然此前存在分歧，但双方仍然存在着合作基础。于是，霍华德·休斯派出了自己的私人代表进行第二次谈判。

霍华德·休斯给这位私人代表的底线是，只要能满足他提出的那11项基本要求，就可以与对方签订协议。

结果是令人惊喜的。这位私人代表最终取得的成绩是——将其中的30项要求写进了协议中，远远超过了那11项基本要求。

霍华德·休斯感到非常吃惊，问他为什么能取得这样辉煌的成绩。

这位私人代表非常幽默地说："老板，这很简单，每逢双方谈不拢时，我就问对方，你到底是希望和我来磋商解决这一问题，还是留待于霍华德·休斯先生来解决呢？"

这位私人代表运用的方法中就蕴含了拆屋效应的原理：在希望彼此达成合作的前提下，对方自然是不愿意与霍华德·休斯这样令人挠头的"麻烦制造者"来进行谈判的。所以，他们选择退而求其次，更倾向于与这位"比较好说话"的代表进行协商，进而逐项谈妥具体事宜。

这样的方法在商务谈判中经常被人使用。在谈判开始时，先提出一个难度较大的、看似无理的、对方难以接受的要求，这并不意味着我们不想继续谈下去，而只是一种谈判的策略，能让自己占据比较主动的地位，这就是"拆屋"；为了让谈判能真正有效地进行下去，此时要慢慢让步，记得"开天窗"；最终"逼迫"对方满足自己的预期和要求。

正如鲁迅先生所说的，开天窗是目的，而拆屋顶则是底线，只要不拆屋顶，其他都好说，那么，开天窗这一初始的目的自然是能达成的，而拆屋顶这一底线只是用于迫使对方应允的手段。

  这一折中心理，其实是人人都具有的。这就是所谓的"讨价还价"——让你的要求乐于被对方接受。在生活或工作中，如果你想提出一个别人难以接受的要求，不妨先试着提出一个令其更加无法接受的要求，或许，你能够得到意外收获。

## 米格-25效应：
## 合作、互惠与共赢

苏联研制生产的米格-25喷气式战斗机，是曾经创造过航空界神话的传奇战机。它曾创造过8项飞行速度、9项飞行高度和6项爬高的世界纪录，以优越的性能广受世界各国关注。然而，众多飞机制造专家却发现一个令人称奇的事实：米格-25喷气式战斗机所使用的很多零件要比美国的战机落后很多，但是，其整体性能却达到甚至超过了美国和其他国家同时期生产的战斗机。

其原因何在？原来，米格公司在设计制造时，注重从整体考虑，对各个零件进行了更为协调的组合设计，从而在升降、速度、应急反应等许多方面都远超其他机型。

可以说，米格-25喷气式战斗机的成功，在于成功运用了系统理论的整体功能原理，将并非最先进的众多零件进行高效有机组合，进而产生了惊人的聚合效果。我们称之为米格-25效应，即其内涵为整体大于简单的部分总和，关键则在于事物内部结构是否合理。如果结构合理，就能够产生"整体大于部分之和"的效果；如果结构不合理，就会出现"整体小于部分之和"的结果。

那么，如何才能更好地发挥整体的作用呢？以下这则有关阿基米德的寓言故事，就很好地说明了通过不断优化资源组合，加上组织内部良好的沟通机制，将让每个人都找到适当的位置，并最大限度地发挥团队协作的力量。

传说中，在古希腊时期的塞浦路斯，曾经有7个小矮人受到诅咒，被关在一座与世隔绝的城堡里。他们住在地下室里，没有粮食和水，也找不到人帮助。渐渐地，他们变得越来越沮丧，感觉逃生无望。

有一天，大科学家阿基米德等七人也来到了这座城堡。在梦中，阿基米德受到了守护神雅典娜的嘱托。女神说，这个城堡里除了小矮人们所在的这个地下室外，还有25个房间。其中1个房间里有蜂蜜和水，另外24个房间里有240块玫红色灵石，找到灵石并排列成圈，咒语就能解除，小矮人们就能逃出去。

第二天，阿基米德就把这个梦告诉了其他伙伴，除了爱丽丝和苏格拉底，其他四人都不愿意相信。于是，阿基米德等三人不再试着取得其他人的帮助，转而着手努力靠着自己的力量解救小矮人。然而，他们三人之间的意见无法统一：苏格拉底想先去找食物；爱丽丝想先去找木材生火，让屋子里暖和起来并且照亮视野；阿基米德则想快点把灵石找出来，然后解除咒语。三个人决定各干各的，但是几天下来毫无成果，累得筋疲力尽。

失败让他们意识到，应该团结起来，以集体的智慧脱离困境。

经过商量，他们决定，先找火种和木材，再找吃的，最后一起去找灵石。很快，三个人就在一个房间里找到了蜂蜜和水。他们狼吞虎咽了一番，还给其他四个小伙伴也带了很多食物。充足的食物和水改变了他们的看法，这四个人也加入到寻找灵石的队伍中。

人多了起来，为了提高效率，阿基米德把七个人分成两路，原来的三个人继续从左边找，后来的四个人从右边找。但是，很快问题又出现了。后加入的四个人由于之前都待在原地，对城堡的结构一点儿都不熟悉，因而缺乏方向感，他们几乎只能在原地打转。

看到这一情况，阿基米德果断地重新分配，爱丽丝和苏格拉底各带一人，剩下的两人则跟着他，用自己的经验指导新加入的成员慢慢熟悉城堡内部的地形。

然而，事情并不顺利。三个组之间的速度不一，找到的石头又大部分不是玫红色的，而且对此地的地形也不熟悉，别的组找过的房间也会重复去找。

问题越来越多，阿基米德非常着急，这天，他把六个人召集起来，商量到底该怎样改善局面。但是，这次的交流会从一开始就变成了众人相互指责的批判会。

苏格拉底说："你们怎么那么慢，一天只能找到两三个有石头的房间？"

爱丽丝回答："那么多房间，门上又没有写有没有石头，当然很费时间了。"

苏格拉底愕然道："难道你们没有发现，门锁是圆孔的房间里都没有石头，门锁是十字形的房间里都有石头吗？"

其他人听到这儿都愤愤不平："你知道干吗不早说啊，害得我们白白做了那么多无用功。"

后来，经过细致的交流，大家发现，同伴们都有着各自不同的特长，有的人找房间很快，但在房间里找到的石头都是错的；有的人找房间很慢，但是找到的石头都是对的。他们意识到，可以把找得快的人和找得准的人组合起来。于是，众人重新分组，并且不断交流经验，把那些有可能用到的经验都写在阳光能照射到的墙上，便于所有人看到。

自此，大家在寻找的过程中再未遇到困难。在大家的共同努力下，他们终于找齐了全部灵石，带领小矮人们顺利脱险。

著名篮球明星迈克尔·乔丹曾说："一名伟大的球星最突出的能力就是让周围的队友变得更好。"

是的，不仅体育比赛如此，做任何工作都是如此——只有在和谐的氛围中，努力将团队中的每一个人都安排在适合自己的岗位上，最大限度地优化资源配置，发挥所有人的潜力，才能发掘更大的可能性，创造更大的成功。

## 蜕皮效应：
## 打破困扰自身的樊笼

在自然界中，我们发现，很多节肢动物和爬行动物身体上都有一层坚硬的表皮，在生长、发育过程中，这层表皮保护着动物身体免受外界伤害，但同时也限制了它们的发育，因此，这些动物一生中都要经历一次或几次蜕皮的过程——每蜕皮一次，个头就会长大一些。

美国作家迪斯据此提出了蜕皮效应：每个人都有一定的安全区，或者舒适区，要想跨越自己目前的成就，就不要划地自限；只有勇于挑战自我，才能超越自己；每个人的一生都要经过数次"蜕皮"，之后才能真正走向成熟，脱离"幼稚阶段"。

这一理论确实有着普遍的适用性：在每个人的内心深处都有这样的安全区。在安全区内，我们会觉得一切都有保障——这就如同披着一层自我保护的皮。但是，这层皮也容易让人画地为牢，止步不前。而一个人只有不断地成长、蜕皮，甚至要经历脱胎换骨，才能真正地成熟起来。正如达尔文所说："如果你想获得成长，那就必须蜕下阻碍你成长的那层皮——那就是你的想法。"

2011年4月,欧盟会议在比利时首都布鲁塞尔举行。各成员国代表汇聚一堂,说着五花八门的语言。会场的一角坐着一个年仅10岁的小女孩,戴着专业的头戴式耳机,一边倾听着耳机里代表们的发言,一边准确无误地进行同声传译。

这个小女孩的出现,改写了欧洲议会的历史。因为欧洲议会曾规定,走进半圆形会场的人的年龄不得小于14岁。彼时,年仅10岁的亚莉克希亚·索洛尼却引得世人瞩目。但你要是了解她的成长经历,就会对这个貌似稚嫩的小女孩刮目相看——她的成功正是源自其不断挑战自我、超越自我的勇气。

她年仅两岁时,厄运突然降临在她身上。医生宣布,她得了一种恶性肿瘤——神经胶质瘤。经过18个月的痛苦化疗,小小的亚莉克希亚最终保住了性命,但视神经受到了严重损害,从此完全失明。

尽管遭受了深重的灾难,但是在父母的悉心照料下,亚莉克希亚并没有感受到太大的痛苦。她酷爱学习,于是便将学习当成了爱好。4岁时,父母为她请了一位盲文教师。她每次都将老师讲解的内容录下来,一字一句地用小针扎出凹凸不平的盲文笔记,再用手一遍又一遍地练习。

人总是要融入社会的。到了上学的年龄,她的父母尽管不舍,更担心她受到伤害,但还是毅然将她送进了当地最好的学校。一个星期后,父母去学校看望她,她却拽着父母的衣角哭着要回家。原来,有同学嘲笑她说:"虽然你很聪明,但你瞎了,永远看不到这个精彩的世界了。"

父母意识到，如今该是告诉她真相的时候了，于是认真地对她说："是的，你确实和别人不一样，我们也非常替你感到惋惜。但是，宝贝儿，你曾经在地狱边缘徘徊，却又安然回到我们身边。你的生命比起其他人更加珍贵，你的人生也会非常有意义，这样的人生还怎能说不精彩呢？！"

亚莉克希亚意识到，"我要挑战的不是别人，而是自己，只要战胜了自己，就不怕别人嘲笑了"。

自此，亚莉克希亚更加努力地学习。用了两年时间，她就可以顺利地用盲文阅读和写作了。在6岁时，她提出想学习一门外语。母亲建议她学汉语，因为汉语非常难学，并允诺她一旦难以坚持，就可以主动放弃，不需要受太多苦。

然而，母亲没有想到的是，亚莉克希亚却坚持了下来。她每天戴着耳机听汉语录音，一听就是几个小时。课间休息的时候，她还主动和汉语老师进行面对面的交谈。正所谓"一分耕耘，一分收获"，她的成绩要远比身体健康的同学优秀。

靠着这种不断挑战自我的魄力和毅力，她还系统地学习了法语、西班牙语等，并且积极准备挑战阿拉伯语、德语和俄语等新的语言领域。

2011年，由于具备过硬的语言功底，亚莉克希亚·索洛尼战胜了众多身体健康的人，走进了欧盟会议的会场，成为欧盟会议历史上年龄最小的同声传译。当记者问到她的未来打算时，亚莉克希亚面露红晕，自信地说："我的未来就是不断挑战自己，成为一名高级口译员。"

在最困难的时候挑战自我，不断成就自我，才能让生命之路变得更加美丽绚烂。尼尔曾经说过："人们只有不断地挑战自我，才能拥有超常的生命力。否则，人生便没有存在的理由。"的确，人生这条奔腾不息的河流，不会永远停留在某处，需要不断挑战和超越，人们只有把自己当成对手，不断超越自我的极限，才能创造出更多的"不可能"。

## 高斯假说：
## 找到生命的坐标

在自然界中，亲缘关系接近的、具有相同生活习性的物种不会在同一个地方出现；假如存在于同一区域内，也必然会占据不同的空间——如鱼儿水中游，鸟儿天上飞。如果处于同一地点，则必然有不同的食物需求，比如老虎食肉，牛吃草；如果食物需求也相同，那么觅食时间就会相互错开，如狮子白天觅食，老虎傍晚觅食，狼则在深夜觅食。

据此，可以说，生物界里没有两种物种的生态位是完全相同的，由此构成了生物界的和谐。俄罗斯学者高斯就提出了生态学上著名的高斯假说：由于竞争，两个相似的物种不能占有相似的生态位，而是以某种方式彼此取代，使每一物种具有食性或其他生活方式上的特点，从而在生态位上发生分离的现象。这也被称为竞争排斥原理。

两个物种不能同时，或是不能长时间地在同一个生态位生存。否则，两者之间会展开竞争，其中获胜的一方可以在原来的生态位继续生存，而另一方则会改变自己的居住地、饮食习惯、自身习性等，并发生相应的进化。换言之，两个生态习性相近的物种不能同时占据相同的生态位。这就是说，要找准定位，找到属于自己的正确位置。

著名的"撑杆跳女皇"、俄罗斯著名运动员伊辛巴耶娃的不凡经历，就在于她找准了自己的位置，才有了最终的成功。

1982年，伊辛巴耶娃出生在俄罗斯西南部伏尔加格勒的一个小村庄。她的父母都是默默无闻的工人，微薄的工资收入仅能使一家人勉强维持温饱。她的母亲娜塔丽亚年轻时曾经是一名业余篮球运动员，她希望能够通过体育改变自己孩子的命运。因而，伊辛巴耶娃5岁时，就和妹妹一起被送到了体操学校。

娜塔丽亚希望两个女儿都成为奥运会体操冠军，因而伊辛巴耶娃和妹妹一开始学的都是体操。伊辛巴耶娃学习、训练非常刻苦，把大部分时间都泡在了体操馆里，练习下腰、倒立、跳跃、翻腾……这样的训练持续了十年之久。

然而，15岁时，伊辛巴耶娃意识到，自己可能无法在体操这个项目上有所成就了——她长得太高了，才十五岁就已经长到了1.7米。怎么办呢？是继续练习自己已经训练了十年之久的项目，还是重新选一个项目来练习？如果选择后者，她又该选什么项目呢？

伊辛巴耶娃站在了人生这一无比艰难的十字路口，一时之间变得茫然无措。幸好，负责培训撑杆跳高运动员的教练特罗费莫夫来体校挑选好苗子，独具慧眼的他一下就相中了身体素质优良的伊辛巴耶娃。伊辛巴耶娃认真思量后，毅然决定改换门庭，师从特罗费莫夫，改练撑竿跳高。当然，最初，谁也不曾想到，这一练就练出了一位后来震惊世界的"撑竿跳女皇"。

撑竿跳高项目被称为"田径之花"，要求运动员在爆发力、身体力量、柔韧性、舒展性、协调性等多方面能力出众。在特罗费莫夫看来，伊辛巴耶娃通过十年的体操运动训练，已经在身体素质和基本技术方面奠定了坚实的基础，只要训练得体，总会取得好成绩的。

伊辛巴耶娃也不负他的期望，在开始时连怎样握竿、怎样起跳都弄不清楚，通过刻苦的训练，逐渐掌握了撑竿跳高的技术动作，并在六个月之后脱颖而出，成为引人注目的田径新秀——她初登赛场即夺得全俄青年冠军。自此，伊辛巴耶娃一发而不可收，在赛场上一路凯旋，取得一个又一个傲视群伦的成绩，成为女子撑杆跳高的领军人物。

试想，如果没能在十五岁那年找对自己的奋斗方向，继续体操训练，或者选择了其他项目，伊辛巴耶娃又怎么能成为赫赫有名的"撑杆跳女皇"呢？

在这个世界上，每个人都有自己的位置，只有找到自己的正确位置，才能发挥应有的作用，实现更大、更丰富的人生价值。富兰克林说过，宝贝放错了位置就是垃圾。一个人只有找准自己的生命坐标，不迷失自我，不做"放错位置的垃圾"，才能有所成就。

位置如同一个人的生命坐标，差之毫厘，就可能谬以千里。

克里姆林宫里有一位老清洁工，每天都轻松怡然、热情饱满地工作，带给身边的人正能量，当有人问她，为什么一份清洁工的工作，她能做得如此热情时，她说："我的工作和总统的差不多，他是在'收拾'俄罗斯，我是在收拾克里姆林宫，每个人都有自己的位置，在对应的位置上做好自己的事情就行了。"

是啊，无论社会地位如何，一国领导人，或是一个普通底层人员，都要能找准自己的位置。而正确认识这一定位，不但是一种人生姿态，也是一种处世的境界。

## 秃头悖论：
## 即使身处顺境，也要心怀忧惧

秃头悖论是指头上掉一根头发，很正常；再掉一根，也不用担心；还掉一根，仍旧不必忧虑……长此以往，一根根头发掉下去，最后，头顶就会变得光秃秃的。哲学上称这种现象为"秃头悖论"。

从表面上看，第一根头发的脱落，似乎是无足轻重的变化。当这种趋势仅仅停留在量变的程度上时，是很难引起人们的重视的。当它达到一定程度的时候，外界才会注意到，而这时再去处理可能已经晚了。原因是一旦量变积累到一定的程度，质变就必然要出现！这个理论提醒我们，即使身处顺境，也要心怀忧惧。尤其是当权者或管理者，必须要具备忧患意识。

美国黄石公园养了一群鹿。人们为了保护这群鹿，捕杀了当地几乎所有的狼和山狮。原本，人们想，鹿没了天敌，就该生活得很好了。的确，开始的时候，鹿群数量的确增长了。可是，没几年，鹿群数量开始减少。原来，没有了食肉动物的追逐，鹿儿们不再拼命奔跑，变得怠惰下来，于是体质下降，常常得病而死。

而且，由于没有了天敌，鹿的数量猛增，导致食物不足。长此下去，也许这群鹿会死亡殆尽。人们为了拯救鹿群，只好又将狼等猛兽请了回来。结果，有了天敌的威胁，黄石公园的鹿群数量又开始稳定增加。

黄石公园的鹿事件生动无比地揭示了秃头悖论的意义。这就提醒我们，倘若人有忧患意识，就会在内心产生危机感，进而使人爆发惊人的胆量。而这也是勇气的重要来源之一。忧患意识引起的危机感迫使我们做出改变，从而让人爆发出最大的潜力，达到无所畏惧的地步。在现代社会，竞争日益激烈，无论从事何种职业，人都要有点忧患意识，因为忧患意识引起的适当的危机感会让我们不满足现状，不会不思进取，勇于开拓和冒险。这对于个人和企业都同样重要。

作为世界软饮料行业的龙头，百事可乐公司每年都有数百亿的营业额，以及数十亿的纯利润。但是，公司的管理者们在展望公司的未来发展前景时，却看到汽水业将趋于不景气，竞争也会更加激烈，进而产生深刻的忧患意识。这种忧患意识让他们意识到，只有让自己的员工们相信公司在时刻面临危机，才能使公司避免被市场打败。

鉴于此，时任公司总裁韦瑟鲁普决定在公司制造一种危机感。他找到公司的销售部经理，重新设定了一项工作方法，大大提升了从前的任务量，要求员工的销售额比上年增长15%。他还向员工们强调，这是经过客观、细致的市场调查后做出的调整——因为市场调查表明，不能达到这个增长率，公司就将面临巨大的危机。

结果，这种人为制造出来的危机感转化为公司员工的奋斗动力，从而让公司始终处于一种紧张有序的竞争状态中。可以说，百事公司之所以能欣欣向荣，是因为这种员工们人人都拥有的危机感，也可以称之为忧患意识。

除了百事可乐，那些世界著名的大企业也纷纷调整策略，以应对越来越激烈的挑战。相应地，各大企业的高层并非一味地沉醉于自己的优势地位，而是重视推行"危机式"生产管理——这种管理方式使企业的员工们明白危机的确存在，因而保证了公司的高效率和高效益，进而保证了其竞争力。

例如，美国技术公司针对全球电信业正在发生的深刻变革，开始在公司上层推行"末日管理"计划，任用敢于大胆推行改革的高级管理人员，而免去倾向于循序渐进地改革的高管职务。

同时，公司还在员工中广泛宣传忽视产品质量、成本上升的危害，从而让全体员工知道，如果技术公司不把产品质量、生产成本以及用户时刻放在突出的位置，公司的末日就会来临。而在这样的末日管理下，美国技术公司得以在全球电信业中保持遥遥领先的地位。

由此可见，忧患意识有多么重要，这正是秃头悖论给我们的警示。任何企业或个人，倘若想让自己在未来的行业竞争中保持先人一步的地位，必须时时心怀忧患意识，从而不断警醒自己、提升自己，进而成就自己。

# 第二章

# 蝴蝶效应：

# 透过表象看到事物的发展趋势

## 蝴蝶效应：
## 微小的事物之下潜藏着的未来

　　蝴蝶效应是指一件表面上毫无关系的、相当微小的事情，随着时间和条件的改变，经过不断放大，对其未来状态会造成巨大的改变。换句话说，事物发展的结果对初始条件具有极为敏感的依赖性——初始条件的极小偏差会引起结果的极大差异。

　　这一效应源于美国气象学家洛伦茨20世纪60年代初的发现。在《混沌学传奇》与《分形论——奇异性探索》等书中，对于蝴蝶效应，洛伦茨做出了如下描述：

　　1961年冬的一天，我在皇家麦克比型电脑上进行关于天气预报的计算。为了考察一个很长的序列，我走了一条捷径，没有令电脑从头运行，而是从中途开始。我把上次的输出结果直接打入作为计算的初值，不过由于一时不慎，无意间省略了小数点后六位的零头。然后，我穿过大厅，下楼去喝咖啡。

　　结果，一小时后，待我回来时，电脑上发生了出乎我意料的事。我发现，天气变化同上一次的模式迅速偏离，在短时间内，相似性完全消失了。进一步的计算表明，输入的细微差异可能很快成为输出的巨大差别。这种现象被称为对初始条件的敏感依赖性。在气象预报中，我把这种情况称为"蝴蝶效应"。

这一效应说明，事物在发展过程中既有发展规律可循，同时也存在着不可预测的"变数"。从心理学角度分析，这一效应说明，在生活中，微小偏差是难以避免的，如同打台球、下棋及其他人类活动，常常存在"差之毫厘，失之千里"或"一招不慎，满盘皆输"的现象——每个人似乎都秩序井然地按照各自的轨迹生活着，然而，往往一个细微的变化却改变了一个人一生的命运。

1485年，英王理查三世与亨利伯爵在波斯沃斯展开决战。这次战役将决定英国王位最终花落谁家。战前，马夫为理查三世备马掌钉。不过，由于这些天来铁匠一直忙于为国王军队的军马钉马掌，铁片已用尽。怎么办呢？铁匠请求说，可否等一下，自己马上去取铁片。可是，马夫却等不及了，他不耐烦地催促道："国王要打头阵，等不及了！"

无奈之下，铁匠不得不找来一根铁条，将其截为四份，然后加工成马掌。当钉完第三个马掌时，铁匠又发现钉子不够了，于是请求去找钉子。急性子的马夫生气地说："上帝啊，我已经听见军号了，我等不及了。"

铁匠说："你可听好了，现在缺少一颗钉，马掌是不会牢固的。"

"那就将就一下吧，不然，国王会降罪于我的。"说完，马夫就急急忙忙牵着马匹走了。

战斗开始了，国王查理三世一马当先，勇猛地率军冲锋陷阵。然而，就在战斗进行得如火如荼时，不幸发生了——他的坐骑突然"马失前蹄"，向前一扑，国王随即也栽倒在地。随后，这匹惊恐的战马脱缰而去。结果，国王的意外受伤让士兵们士气大落，他们纷纷调头逃窜，溃不成军。

很快，伯爵的军队就将受伤的国王围住了。绝望中，查理三世挥剑长叹："上帝，我的国家就毁在了这匹马上！"

国王查理三世就因为第四个马掌少了一颗钉子——如此一个看似不起眼的问题，竟然招致一场大战的全面失败，这正是蝴蝶效应的绝佳证明。

后来，民间流传的一首歌谣也形象地道出了蝴蝶效应的巨大影响力：

少了一颗铁钉，掉了一只马掌。

掉了一只马掌，失去一匹战马。

失去一匹战马，败了一场战役。

败了一场战役，毁了一个王朝。

同样的道理，一个微小的错误会招致巨大的灾难，也会形成全球性的恐慌。

2003年，美国发现一宗疑似疯牛病案例，刚刚复苏的美国经济因此遭受了一场破坏性很强的"飓风"袭击——扇动"蝴蝶翅膀"的，就是那头倒霉的"疯牛"。受到冲击的，首先是总产值高达1750亿美元的美国牛肉产业和140万个工作岗位，而作为养牛业主要饲料来源的美国玉米种植业和大豆种植业也受到波及，其期货价格呈现下降趋势。但是，最终，推波助澜地将"疯牛病飓风"的影响发挥到最大的，还是美国消费者对牛肉产品出现的信心下降。

在全球化的时代，这种恐慌情绪不仅造成了美国国内餐饮企业的萧条，甚至扩散到了全球，至少11个国家宣布紧急禁止美国牛肉进口，连远在大洋彼岸的中国广东等地的居民都对西式餐饮敬而远之。

这些事例说明，那些看似不起眼的小问题、小错误，甚至可以成为决定成败的关键。无论是工作中还是生活中，都可以从蝴蝶效应给我们的启示中吸取教训：无论做人还是做事，都要注重细节，练就一双善于把握事物变化轨迹的慧眼，学会透过现象看到本质。与此同时，也要注意从身边的人与事中、从各种信息中捕捉、提炼有效信息，从初萌芽的征兆中推测未来的发展、变化，从容应对不可控却对生活影响至深的事件……

## 波特法则：
## 独特的定位，造就独特的竞争优势

波特法则是由美国哈佛商学院教授、经济学博士，被誉为"竞争战略之父"的迈克尔·波特提出的。这一法则的内容是，最有效的防御，是从根本上阻止争斗的发生。这一法则在经济管理领域也被称为"竞争战略"，意即只有具备独特的定位，才能获得独特的成功，进而阻止竞争的发生。

如何理解这一法则呢？让我们先来看一个案例。

在美国，汽车租赁业务早在多年前就十分盛行，从事这一行业的公司也相当多。美国奋进汽车租赁公司在这一行中颇有名气。然而，你会发现一个奇怪的现象：当你身处美国随处可见的具有一定规模的机场租车区，你可以看到爱维斯汽车租赁公司、赫斯汽车租赁公司这些大公司的柜台，也可以看到相当多的小汽车租赁公司的柜台，但是，你不会看到奋进汽车租赁公司的柜台。但实际上，这家公司总是比其他更有名气的竞争对手获得更多的利润，而且，其租金要比对手的低30%左右。

这是为什么呢？原因就在于其独特的定位决策。

不同于其他汽车租赁公司将自己的客户定位于中高端旅行者，奋进汽车租赁公司将自己的服务对象定位于那些还没能力购买汽车的人。对于这些客户而言，若需要自己支付租金，那么，租金价格就是他们要考虑的一个重要因素。而且，除此之外，他们还会考虑保险公司是否会理赔这个问题。

为此，奋进汽车租赁公司刻意裁减了各种可能增加成本、客户不愿意付费的项目，从而为客户降低了租金费用。比如他们从不将自己的店面设在租金昂贵的机场内，极少做广告招揽顾客，而是靠保险评估员和汽车修理店向客户做推荐。这样做的结果就是奋进汽车租赁公司的客户付费较少，而公司却节省了大量的广告、人工、店面等开支，尽管收费低廉，却因客户群体庞大以及业内的良好口碑而创造了大量的利润。

这个案例说明什么？它说明，在相同的经营范畴内，能为自己选定独特的定位，就能走出一条与众不同的道路，从而成就独特的自己，获得独特的成功。企业和个人莫不如此。

日本软银集团总裁孙正义就是这样的一个"不走寻常路"的人，他由于独特的个人定位，创造了一个又一个奇迹，书写了自己的传奇人生。

孙正义在19岁时，就为自己的人生确定了目标——成为一个能做一番大事业的人。为了实现自己的理想，他进行了不懈的尝试和努力，也为此做了深远的思考和筹划。

他在还不曾进入社会工作时，就在头脑中勾画了40个公司的雏形，但是，选择进入哪一行，他最终也没能确定。1979年前后，孙正义去了美国加利福尼亚大学伯克利分校读书。这时的他还只是个穷学生，为了娶到自己心仪的姑娘，他知道自己必须赚钱。

　　那么，到底该怎么赚钱呢？几经思考，他觉得，自己不能只靠家里的钱生活，那样不但连自己也养活不了，更谈不上娶心爱的女孩了。他的职业定位是，一天只工作5分钟，一个月赚100多万日元。

　　这样的想法简直是异想天开！为此，他遭到朋友们的嘲笑。对于一名亚裔留学生而言，能找到的工作不外乎在餐馆洗盘子、扫大街之类的体力活，怎么可能找到这样一份"日进斗金"的工作呢？

　　与众不同的孙正义想到，尽管体力劳动自己不在行，但做脑力劳动是可以实现自己的目标定位的。于是，他确定了从脑力劳动入手的第一步。一天，孙正义突然灵机一动，想到了申请专利这个方法——利用自己所学到的知识，搞一些发明创造，然后靠卖专利赚钱。

　　孙正义从小就喜欢搞发明创造，不过从未接触过发明专利。他一旦确定自己独特的赚钱之道，就开始研究什么样的发明才能成为专利以及专利的技术含量，然后着手实际的发明。他规定自己：一天要想出一个发明，然后每天在发明簿上用英语记录发明创意。最终，日积月累，他居然写出了250多个发明项目。其中的一项发明就是袖珍翻译器。

　　他雇了一个教授为他制造翻译器的样机，然后用它申请了专利，再以一百万美元的价格，将翻译器卖给了夏普（Sharp）公司。直到如今，夏普公司仍把孙正义发明的翻译器技术应用在其 Wizard 个人电子管理器中。就这样，孙正义借助独特的个人定位，开始了自己最初的事业。

孙正义的经历再次说明，防止完全竞争最为有效的途径之一，就是要从根本上阻止竞争的发生。要做到这一点，就必须对自己的人生和产品有独特的定位。当这种定位中包括了战略决策的时候，也就可能具有了持续的力量。

诚如迈克尔·波特所言："不要把竞争仅仅看作是争夺行业的第一名，完美的竞争战略是创造出企业的独特性——让它在这一行业内无法被复制。"所以，面对变幻莫测的、激烈竞争和垄断倾轧并存的市场，要想使自己或自己的事业立于不败之地，就一定要找到自己最擅长的独特之处，并形成独特的优势，进而形成自己独一无二的品牌或定位。

## 投射效应：
## 理性地看待周围的人与事

　　心理学认为，假如一个人无缘无故地讨厌另一个人，那是因为他身上有着和对方一样的特质。而在潜意识中，你认为那种特质是"不好的"。但是，承认自己"不好"这种想法太过痛苦，于是，这种想法会被"自我"所压制，转而采取将"不好的"投射到别人身上（怀疑别人或者臆测别人）的方式来缓解这种焦虑。

　　通过这样的心理操作，人们将自身讨厌的部分抹去，从而保持"我足够好"的自我感觉。而且，还可以借助抨击他人，使自己从内心获得一种优越感。这种将自己的感情、意志和特性强加于他人的认知倾向，就是投射效应。

　　这一心理效应源于一个心理学实验。

　　1974年，心理学家芬鲍尔曾做了如下实验：他邀请一些大学生作为试验对象，将其分为两组。其中的一组学生要观看喜剧电影，使之心情愉快；另一组则为其放映恐怖电影，使之产生恐惧感。然后，他让这两组学生看相同的一组照片，让他们判断照片上的人的面部表情。结果，观看喜剧片的大学生判断照片上的人心情愉快，而观看恐怖片的大学生判断照片上的人心情紧张。

这一实验表明，被试的大学生大部分将照片中的人的情绪视为自己的情绪的反映，于是，两组学生获得了不同的观感——看喜剧的大学生认为照片上的人心情愉快，看恐怖片的大学生认为照片上的人心情紧张。这就是心理学上著名的投射效应实验。

投射效应在我们的生活中可谓比比皆是。日本作家东野圭吾在小说《恶意》中就讲了一个让人不寒而栗的故事：

畅销书作家日高邦彦在家中被杀，杀人凶手却是他同样身为作家的同窗好友野野口修。而野野口修之所以杀害自己的好友，原因仅仅是看对方不爽。诸如此类的现象在生活中并不少见，比如，有的人你明明与之初次接触，却就是莫名其妙地讨厌对方，对方的一举一动都让你反感。实际上，与其说让你感到不舒服的是这个人，倒不如说是这个人身上的某种特质唤起了你不舒服的感觉。这种现象就是投射效应的反映。

心理学研究发现，在日常生活中，人们总会不自觉地把自己的心理特征，如经历、好恶、欲望、观念、情绪、个性等强加在他人身上，认为自己是这样想的，他人也应该有同样的想法，并试图通过自己的想法去影响他人，结果往往事与愿违。

这种投射效应导致我们在与人相处时，往往不能正确地衡量别人，也不能有效地向他人施加影响，进而出现俗语所说的"以小人之心，度君子之腹"的现象。因此，在人际交往中，如果不能克服投射效应的影响,就会在认识和评价他人的时候做出失真的判断。为此,在与人交往中,保持理性和审慎十分有必要,并且尽可能地避免以己度人,避免投射效应的负面影响。

　　1964年,刚从海军学院毕业的吉米·卡特奉命向海军上将科弗将军报告。当将军让他谈谈自己的经历时,吉米·卡特为了获得将军的喜欢,自豪地提起自己在海军学院的成绩,他提到,自己在全校820名毕业生中名列58名。原以为将军知道他的成绩后一定会对他刮目相看,结果,没想到的是,将军未曾给予卡特任何赞赏,反而问他:"你尽力了吗?为什么不是第一名?"

　　这让卡特不知如何回答。不过,与将军的这番谈话给了他很大的启示。从此之后,在与人交往时,卡特学会了不再主观臆断,以个人想法去对他人妄加猜测。而这种理性的习惯也让他在此后竞选美国第39任总统时获益匪浅。

## 飞轮效应：
## 从优秀到卓越，源于足够的坚持

  飞轮效应是指为了使静止的飞轮转动起来，一开始必须用很大的力气，一圈一圈反复地推。每转一圈都很费力，但是，每一圈的努力都不会白费，飞轮最终会转动得越来越快。当达到一个很快的速度后，飞轮所具有的动能就会很大，使其短时间内停下来所需的外力也会很大。如此一来，飞轮便可以克服较大的阻力，维持原有的运动轨迹。

  这一效应告诉我们，万事开头难，在做每件事情的最初，我们都必须付出艰巨的努力。如此才能使自己的事业之轮转动起来，而一旦事业走上平稳发展的快车道之后，一切都会好起来。

  同样的道理，当一个人或一家公司在进入某一新的（或陌生）领域的时候，也会经历飞轮效应呈现的过程。诚如，要让飞轮转起来虽然需要花费一番力气，只要有足够的坚持，所付出那些时间、精力、心血、努力就会发挥作用，让后续的运转变得顺畅起来。

  2017年《福布斯》发布的"全球最具价值品牌排行"中，亚马逊是全世界估值排名第五位的公司。而这一结果可以说得益于亚马逊CEO（首席执行官）贝佐斯一直以来不变的商业理念——飞轮效应。

贝佐斯在一次采访中，将世界上的公司分为传教士类和唯利是图类两种。前者对自己的产品充满虔诚之心，而后者唯销售额、利润等指标为重。而贝佐斯认为，亚马逊属于前者，其核心就是服务于消费者。因此，纵观亚马逊的发展史，无论是最早的网上零售商、最早发掘云服务潜力的AWS服务，还是研发无人机快递、民用火箭等，均体现出了贝佐斯强调的亚马逊的企业发展核心理念——服务消费者。

为了让亚马逊这一飞轮得以快速旋转，直至最后可以轻松地旋转，亚马逊采取了一系列措施。首先是Prime会员服务。亚马逊的会员服务只有99美元，但这项服务大大提高了用户的忠诚度。根据CIRP（国际生产工程科学院）的最新报告显示，亚马逊在美国的会员数量已经高达8000万。可这一数字代表着什么？即在美国，这个总人口只有3亿多的国家，平均每四个人里就有一个是亚马逊的会员。

同时，据该公司的研究表明，有亚马逊会员资格的消费者在购物时，会有80%以上的可能性选择亚马逊，而非别的电商平台——这也是会员忠诚度的体现。

其次是Marketplace。这亚马逊的三大业务支柱之一，其目的是让第三方商家可以在亚马逊的平台上售卖自己的服务。亚马逊的高层们很清楚，自身的服务是有限的，倘若让大量的第三方商家进驻，就可以大大提高消费者的选择余地，从而进一步提高消费者的忠诚度。于是，当亚马逊的商家越来越多的时候，亚马逊对上游供应商的议价能力也得以增强，进而进一步降低会员在亚马逊平台购买商品的价格，并获得更多利益，反而吸引了更多的用户购买Prime服务。

再次是专业的FBA（Fulfillment By Amazon）服务。这是亚马逊为了让第三方商家可以降低自己的成本而提供的服务。这一服务可以让第三方卖家将自己的货物寄存于亚马逊的物流中心，等用户下单后，亚马逊承担配送任务，而第三方卖家仅需交纳一笔服务费即可。亚马逊专业配送拥有其他物流行业无法相比的价格和服务，因此就必然吸引更多的商家选择FBA服务，从而进一步拓宽Prime服务的价值，因为只有Prime的用户才有享受亚马逊配送服务的特权。

最后，当亚马逊拥有足够多的配送货物时，其固定成本就会被更多的商品摊销，从而降低成本。此时，亚马逊的第三大业务——AWS云服务就会发生作用，为第三方商家提供服务，让他们将自己的IT系统放在云服务上。如此一来，第三方商家也成为亚马逊这个飞轮上的重要的齿轮，帮助飞轮越来越快地旋转。

就这样，借助于多种经营措施，亚马逊从最初到如今，不断创造着自己的齿轮，并通过不断创新推动齿轮不断旋转，最终让核心业务得以轻松自在地持续运营——这正是飞轮效应的精妙运用。

细细看来，亚马逊的"企业飞轮"得以不断地旋转，甚至可以达到如今轻松旋转的原因，就在于它一直保持着自己一贯的理念——即一切以服务消费者为核心。这一点可以从亚马逊每年的股东信中看到。翻看这些股东信，我们可以发现，在每一年的股东信结束后，均会附有1997年的原版股东信。而亚马逊经营早期的股东信甚至会直接引用1997年股东信的内容。

换言之，无论时代如何变化，亚马逊始终保持经营者的初心。而这是需要时间和精力的，亚马逊做到了，也就成就了它今天堪称奇迹的发展历程。这个案例提醒我们，不管是企业还是个人，在规划自己的发展计划时，最重要的是保持自己的良好心态，通过不断地努力、不断地调整，让自己更加接近目标。

实际上，从优秀的公司到伟大的公司，从平凡个人到成功人士的转变过程中，根本没有什么"特异功能"。或者，可以说，成功的唯一道路就是清晰的思路、坚定的行动，排除一切干扰把精力集中在最重要的事情上，全力以赴去实现目标。

## 翁格玛丽效应：
## 内外兼修，成就最好的自己

　　翁格玛丽效应是指对心理试验参与者进行良性心理暗示，如"你很行""你能做得更好""你还有更大的潜力可以挖掘"等，可以让参与者认识自我，激发潜力，增强信心。

　　这一心理效应源于一个故事：

　　翁格玛丽是一个相貌平平的女孩子。由于过于看重自己的容貌，她变得特别没有信心，心里总是怀着很强的自卑感。后来，她的家人和朋友发现了她的问题，于是纷纷伸出援手，帮助她树立信心。

　　在家中，父母和家人经常夸她，每当她做了一件事时，家人就给予肯定和表扬。在平时的生活中，好朋友也经常鼓励她，经常夸她"你真美"。从此之后，慢慢地，翁格玛丽对自己产生了信心，每天照镜子的时候，她总觉得自己越来越漂亮了。于是，她也在心里对自己说："其实你很漂亮。"就这样，翁格玛丽果真越变越漂亮。

　　翁格玛丽效应作为心理学上一个重要的名词，说明了鼓励之于人的强大的心理暗示作用。这一心理效应在平时的生活和工作中，可以让我们用于鼓励他人，也可以用于自我鼓励，从而激发自己或他人的自信心和上进心，以更快地适应工作或生活的需要。而在此过程中，未受表扬的人也会被给予心理暗示——只要你努力，属于你的机会同样也会降临。

卢英德是一位来自印度一个偏远小城的女子，经过28年的奋斗，如今的她已成为百事可乐董事会主席，登上自己事业的巅峰。作为一个连续四年蝉联美国《财富》杂志评选的"美国商界最有权势的50位女性"榜首的成功者，她在谈到自己成功的秘诀时，最重要的体会就是，将苦难当作上天送来的厚礼，不断激励自己，相信自己能行。而在逆境中经历的那些挫折与磨练，最终都会成为一个人成功路上的奠基石。

当年，卢英德从印度管理学院一毕业，就拿到了美国耶鲁大学的录取通知书。然而，当她兴冲冲地跑回家，想与家人分享自己的喜悦时，却遭到迎头一击——家人早就给她安排好了一门亲事，她一毕业就得与一个陌生的男子结婚。

面对大多数印度女子都逃不过的命运，卢英德不甘心。她告诉自己——要将命运握在自己的手里，自己一定能改变命运。最终，在几经抗争无效后，她选择了远渡重洋，离家出走。然而，当她怀揣500美元，几经周折到达美国后，却发现自己甚至连房子也租不到，更无法交纳学费……一度失去信心的她不断地激励自己——再坚持一下，再一下就好。短暂的沮丧过后，卢英德振作精神，开始四处寻找打工的机会，赚取生活费和学费。

当她发现在饭店刷洗一天油腻腻的盘子所赚的钱连交房租都不够时，她告诉自己："苦难不算什么，一切都会过去。"当她面对待遇虽然优厚，但却不得不忍受服务对象——一名瘫痪在床的脑出血病人的刁钻古怪的要求和暴力虐待时，她抚平伤痛，激励自己："我可以成为最好的。"当她满怀委屈，泪流满面，拖着疲累的身体，走在寒风刺骨的街上时，她告诉自己："一切的付出最终会有收获，自己一定能行……"

就这样，历经种种难以言说的苦难，她终于从耶鲁大学毕业了。然而，社会给了她一次又一次无情的打击：因为是印度人，她无数次在面试时被无端地刁难；由于没有过硬的实习经验，她虽有名校的毕业证书却遭到那些大公司的拒绝；毕业已经大半年了，同学们纷纷进入大公司工作，她的工作还迟迟没有着落，甚至欠了两个月的房租，收到了房东的最后通牒……

面对这一切，卢英德都告诉自己——"我能行"，并放低身段，从小公司的杂工做起，一做就是五年。然而，在这五年中，她学会了如何从容地应对危机，学会了如何巧妙地应付刁钻的客户，甚至精通财务会计知识。最终，她凭借着丰富的学识和经验，成为一名出色的职业经理人。

再后来，她成了百事可乐公司高级副总裁兼首席战略官，带领百事可乐迎头赶上可口可乐公司，成为世界500强企业，而自己也晋升为百事可乐的CEO。

正如卢英德所说："苦难不可怕，可怕的是在苦难面前失去信心，一味地退缩。这样做的结果就是成功会离你越来越远。"面对苦难时，不妨尝试着应用翁格玛丽效应，怀着顽强的意志、坚定的信念与挫折、苦难搏斗，这样的你，一定会成为人人羡慕的成功者。

# 第三章

# 迪斯忠告：

# 充分利用好每一个"今天"

## 迪斯忠告：
## 当下的你，塑造着未来的你

迪斯忠告是美国作家迪斯提出的一种心理效应，意即昨天已经过去，今天就只做今天的事，明天的事暂时不管。这一心理效应提示我们，抓住今天，抓住现在，可以承前启后；把握今天，活在当下，可以继往开来。

一位古希腊哲学家外出漫游时，途经一片荒漠，他在这里看到了一座古代城池的废墟。当然，这座城池已因为岁月的风霜变得破败不堪，但若是用心的话，依然能够发现此地昔日的辉煌景象。哲学家随手搬过一个石雕坐下，望着眼前这片残败的城垣，回想着过去此地发生的事，不由得连连感叹。

就在他正沉浸于遐想中时，突然传来一个声音："您为何感叹个不停？"哲学家看了看四周，没人呀。他又站起来向四周看了看，还是没人。就在他感到疑惑时，那个声音又响了起来："您在找我吗？"

哦，原来是自己刚才坐着的那个石雕在说话。他蹲下身，细细端详，发现这个石雕前后各有一张面孔。于是，他奇怪地问："你为什么会有两副面孔呢？"双面石雕答道："这样我就可以一面察看过去，吸取曾经的教训；一面憧憬未来，期待未来的美好啊。"哲学家说："过去的已经逝去，而未来又不曾发生，你不把握现在，却一心想着那些抓不住的东西，这有什么实际意义呢？"

双面石雕听后一愣，随后痛哭起来，说："先生啊，我终于明白自己落到如此下场的原因了。"哲学家问："为什么？"双面石雕一边流泪，一边说："从前，我在驻守这座城时，一直为自己可以回望过去、展望未来而骄傲，却不曾意识到，自己根本没有很好地把握住现在。结果，当这座城池的辉煌成为过去时，我也就成了废墟中的一块顽石。"

如同故事中的双面石雕一样，假若一个人不能及时地把握现在，那么，无论他（她）如何缅怀过去、畅想未来，都将是虚无的。与其一味地为失去的昨天而懊悔不已、耿耿于怀，与其一味地幻想未来，甚至因此热血沸腾，不如牢牢地把握好现在，从现在做起。因为，就在你不觉察的时候，最宝贵的今天和当下已然过去——一个人唯有抓住今天，才能真实地拥有自己，也才能走出昨天，创造明天。

爱德华·依文斯出生于一个贫苦的家庭。最早的时候，他以卖报为生，随后在一家杂货店做店员，一干就是八年。八年后，他反思着自己依旧没什么改变的生活，决定放手创业，改变自己的际遇。然而，就在此时，厄运降临了。原来，前段时间一个朋友来找他，请他帮忙兑换一张面额很大的支票。于是依文斯倾尽所有帮助朋友达成了愿望。然而，没想到的是，这个朋友很快就破产了。随之而来的是那家存着他全部财产的大银行也倒闭了。依文斯因此不但损失了全部财产，而且还背负了1.6万美元的债务。

在这样沉重的打击下，依文斯神思恍惚，不知自己以后该怎么办。有一天，他走在路上的时候，突然昏倒在地，从此再也无法行走了。医生检查后告诉他，他只有两个礼拜的生命了。一想到自己仅有几天时间可活，他突然间变得释然了——相比生命，那些损失的钱财真的不算什么。自此，他决定放松地过好当下的每一天。

不过，命运有时也会眷顾某些人——依文斯就是这样的人。奇迹出现了，依文斯不但没死，而且在六周后竟然神采奕奕地去上班了。

经过这场生死考验，依文斯明白了一个道理：一个人与其一味地追悔过去，幻想未来，不如踏踏实实地把握好现在。因为心态好了，依文斯的身体快速恢复的同时，其个人能力也在不断提升。在短短的几年间，他不但还清了债务，还创立了一家属于自己的公司——依文斯工业公司。而且，这家公司在华尔街股票交易所上市后，成了一家保持着长久生命力的公司。

正是明白了活在当下的道理，爱德华·依文斯才及时改变了人生态度，抓住当下的每一分钟，改写了自己的人生。可以说，昨天是张作废的支票，明天是尚未兑现的期票，只有今天是现金，具有流通的价值。

当下，是昨日的未来。当下的你，塑造着未来的你。

## 艾森豪威尔法则：
## 优先去做最紧要的事

　　艾森豪威尔法则，又称四象限法则，是指处理事情应分清主次，确定优先级别，以此来决定事务处理的先后顺序——这一法则是由传奇将领、美国第34任总统（1953—1961年在任）艾森豪威尔将军提出的。

　　第二次世界大战期间，艾森豪威尔一人身兼数职，可谓事务繁多。为了应付繁杂的事务，并且可以将这些事务迅速处理，不贻误时机，他发明了著名的四象限法则——后来也被称为"十"字时间计划。即将自己要处理的事务分成四个象限：重要紧急的、重要不紧急的、不重要紧急的、不重要不紧急的。

　　然后，根据"要事第一"的原则，将所有的事务分成四类：重要紧急的，最优先处理；重要不紧急的，可以暂缓完成，但要引起足够的重视；不重要紧急的，要尽快处理，可以安排他人来做；不重要不紧急的，可以推迟做，委派他人来做，甚至不做。通过这种高效的事务处理方式,他得以科学地处理、安排手边的事务,大幅度提高了自身工作效率。

艾森豪威尔法则提醒我们,只有将事情分出主次轻重,才能合理地处理事情,才能从纷繁复杂的头绪中理出线索、分清重点、洞察先机。

在生活中,我们经常可以看到那些忙得团团转的人。他们每天似乎承担着处理不完的事情,当别人询问他们在忙些什么事情时,他们却无法给出明确的答案。实际上,导致这些人忙得不可开交的原因就在于其做事时欠缺条理性。由于缺乏条理性,分不清事情的轻重缓急,于是他们一会儿忙这件事,一会儿忙那件事,结果是一件事也没做好,不仅浪费了时间和精力,而且还不见成效。

事实上,无论从事哪种行业,做什么事情,要想提高效率和成功率,分清主次、合理排序都相当重要。

一次,古希腊哲学家苏格拉底给学生上课。他在桌子上放了一个能装水的罐子,然后又从桌子下面拿出一些正好可以从罐口放进罐子里的鹅卵石。当苏格拉底把石块放完后,他问自己的学生:"你们说这罐子是不是满的?""是!"所有的学生异口同声地回答。

"真的吗?"苏格拉底笑着问。然后他又从桌底下拿出一袋碎石子,把碎石子从罐口倒下去,摇一摇后又加了一些,直至罐子装不进石子为止。随后,他再次发问:"你们说,这罐子现在是不是满的?"这次,他的学生不敢回答得太快。最后,班上有位学生小声回答道:"也许没满。"

"很好!"苏格拉底说完后,又从桌下拿出一袋沙子,慢慢地倒进罐子里。倒完后,他问学生们:"现在,你们再告诉我,这个罐子是满的呢,还是没满?""没有满。"学生们这下学乖了,信心满满地回答。

"好极了!"苏格拉底再一次称赞这些"乖乖听话"的学生们。称赞完后,他从桌底下拿出一大瓶水,把水倒在看起来已经被鹅卵石、碎石子、沙子填满了的罐子中。当这些事都做完之后,苏格拉底正色问学生:"我们从上面这些事情中得到了哪些重要的启示?"

学生们一阵沉默,一位自以为聪明的学生回答说:"无论我们的工作多忙、行程排得多满,把时间挤一下,还是可以多做些事的。"苏格拉底听到回答后,点了点头,微笑着说:"答得不错,但并不是我要告诉你们的重要信息。"说到这里,他故意停住话头,用眼睛扫了一遍学生们后说:"我想告诉各位的最重要的信息是——如果你不先将大的'鹅卵石'放进罐子里去,也许你以后永远都没有机会再把它们放进去了。"

而这一法则的重要性,从应用心理学角度来看,也正是其明智之处。古人云:"事有先后,用有缓急。"秉承"要事第一"的原则,先抓住关键之处,然后合理安排,按事情的要紧程度一步步执行。这样做不但能够节约时间、提高效率,最重要的是能给自己减少许多麻烦——所有的事情就这样一串串、一层层地排列开来,条理清晰,轻重缓急一目了然,完成后的效果自然不同凡响。

艾威豪威尔法则提醒我们,如果你把为自己节约更多的时间视为第一需要,而你计划优先去做最紧要的事,那么,你总能想出办法,挤出更多的时间——也就大大增加了你做事的成功率。

## 杜根定律：
## 相信你是最好的，你就可以是最好的

所谓杜根定律，是指一个人相信自己可以并有能力完成各种任务，能应对各种事件，进而达到预定的目标。这是一个人充满自信的表现，也是一个人获得成功的前提。

这一定律源于美国橄榄球联合会前主席D.杜根的一个观点。他曾经提出这样一个说法："强者未必是胜利者，而胜利迟早都属于有信心的人。"换言之，你若仅仅接受最好的，你最后得到的常常也就是最好的，前提是你得有自信。

这一心理学定律提醒我们：生命的价值在不同的环境里就会有不同的意义，只有自己看重自己，生命才会迸发与众不同的意义和价值。而一个人如果连自己都轻视自己，那么他人无疑更会轻视你。

被称为"丑八怪律师"的科尔，用自身的经历诠释了这一定律。

科尔是一位以渊博的学识、犀利的口才和咄咄逼人的气势而替无数当事人打赢官司的女律师，人们在感叹其业内极佳的口碑时，更为佩服的是她那如超人一般的勇气和自信心。没错，科尔的成功正是建立在其强大的信心基础上的。

科尔上中学后的一天，无意中发现下巴上有几个极小的圆形白斑。因为摸上去没任何不适，于是她就没当回事。谁料，一周后，白斑连成了片。焦急的父母马上带她去医院检查，医生告诉他们，这只是小毛病，涂些对症的药膏即可根治。

然而，出乎所有人的意料，她的病情在一个月间变得更加严重了，而且，科尔的身上也发生了可怕的变化：先是一头金黄色长发变成了灰白色，且不停地大把脱落，随之右眼向下倾斜，鼻子向右扭曲，右侧嘴角向上翻起。科尔那张漂亮的面孔完全扭曲、变形了。

再次就医的结果是，她患上了罕见的进行性面偏侧萎缩症，病情会随着患者年龄的增长而日趋加重，而她的五官会渐渐萎缩，直至完全消失，甚至整张脸会因萎缩而变为一个洞。而最让人恐惧的是，这种病目前无药可治，属于绝症。

当听到这种病尽管相当可怕，但不会危及患者的生命时，科尔心头重新燃起了希望之火。她想，既然自己享有和他人同等的生命权，就一定要通过努力和奋斗来证明自己存在的价值和意义。从此，科尔顶着众多怪异的眼神和多种嘲笑打击，开始了自己的奋斗之路。

当时，因为外貌，科尔经常遭到一些同学的侮辱和嘲笑。一些男生会刻意模仿她那扭曲的脸；一些同学甚至以"歪鼻子""白头翁"之类侮辱性的绰号称呼她。最可怕的并不是这些，而是没有一个同学愿意和她同桌——她像病毒一样，被无情地隔离在人群之外。然而，面对这一切，科尔以惊人的自信心和忍耐力坦然面对。最终，她以优异的成绩考取了大学。

然而,走进大学校园后,她依旧是同学们眼中的"怪物",没有人愿意主动接近她,甚至一些学生还因为学校录取了她而公开抗议,要求学校开除她。面对这一切,科尔选择默默地承受,独自前行。

在一次社会心理学课上,老师让学生们讨论自己的理想。当轮到科尔发言时,一个男生嘲笑说科尔的理想必定是整容。没想到,科尔相当认真地告诉他:"你错了,整容改变不了我脸上的残疾和缺陷。我的理想是成为一名律师。"

她的话引来了更多同学的嘲笑,但科尔依旧严肃并坚定地说:"我要当一名律师,去帮助那些可怜的受害者,以及遭到他人歧视的有残疾的不幸的人。"话音一落,全班同学都沉默了。科尔是个言出必行的人,大学毕业后,通过不懈的努力,她考取了职业律师资格证。

如今,坦然地站在法庭上为当事人辩护的科尔,已经习惯了人们或惊讶或恐惧的目光,因为她知道,重要的不是外貌,而是一个人的内在。如她所言:"有一天我的脸可能会消失,但只要我的生命还在,我会继续证明,容貌的美并不重要,重要的是你生命中的自信和坚强。"

科尔用自己的亲身经历证明了自信之于成功的重要性。恰如英国学者赫伯特所说:"只要心中充满自信,没有一件不能做的事,本领加信心是一支战无不胜的军队。"

自信之所以重要,就是因为其中包含了心理暗示的成分。一个一直告诉自己"我能行"的人，会在内心深处形成良好的心理暗示，在做事的时候充满信心，进而很容易获得成功。

相反，倘若一个人总是怀疑自己，总是在问自己："我能做好吗？我有这个能力吗？"结果，此类消极的心理暗示会在潜意识中悄悄提醒你不能胜任这份工作，导致你缺乏信心，最终使得你在工作中或生活里遭遇极大的阻力。

一个人要想获得成功，首先就要提升自己的心理素养，先从内心认定自己能行，如此方能无畏无惧。当然，正所谓"人外有人，山外有山"，在实际生活中，我们不可能始终是最强的那一个，但是，倘若因此就失去了信心，那么，你也就失去了努力的动力。相反，一个人一旦相信自己，那么，这个人的内心就会变得强大起来，他（她）必然会将命运掌握在自己的手中，进而凭着这份自信推动人生，并创造奇迹。

要相信，人世中的很多事，只要你想做，并相信自己能成功，持之以恒地为此而努力，那么基本上都能做成。而对那些轻视的或恶意的、嘲讽的闲言碎语，不妨置之不理。勇敢地告诉自己："你肯定行，你可以坚持到底，你根本不比他人差。"这样的人，或早或晚，总会因强大的自信心而创造属于自己的辉煌。

## 费斯法则：
## 你的态度，决定你的高度

　　费斯法则是美国管理学家P.S.费斯提出的管理学理论，意思是在拿到第二个以前，千万别扔掉第一个。换言之，即先掌握好第一步，再去认真地做好第二步。如此稳扎稳打，才能步步为营。费斯曾举了一个例子，对这一法则进行了解释：

　　卡斯丁先生早上洗漱时，将自己的高档手表放在洗漱台畔，妻子担心手表被水淋湿了，于是顺手将表拿过去放在餐桌上。没想到，儿子起床后从餐桌上拿面包时，一不小心将父亲的手表碰到了地上——表被摔坏了。卡斯丁先生因为心疼手表，所以揍了儿子一顿，又怒气冲冲地骂了妻子一通。妻子觉得自己受了委屈，于是夫妻二人为这块表发生了激烈的争吵。一气之下，卡斯丁先生早饭也不吃了，直接开车去了公司。

　　可是，等他快到公司时，卡斯丁先生才想起自己忘了拿公文包，不得不马上转回家。到了家门口，他发现家中没人，而自己又忘了带钥匙。于是他又不得不打电话问妻子要钥匙。妻子担心他迟到被罚，于是慌慌张张地往家赶，开车时却不小心将路边的一个水果摊撞翻，并为此赔了摊主一笔钱。等她匆匆赶到家，卡斯丁先生拿到公文包赶到公司时，已经迟到了15分钟，为此，卡斯丁先生挨了上司一顿严厉的批评。这一天，他的心情格外糟糕，憋了一肚子火气没处发泄。结果，下班前，因为一件小事，他又和同事吵了一架。

回到家后，卡斯丁先生获悉，妻子因为上班迟到被扣了当月的全勤奖。并且，儿子这天在参加棒球比赛时由于心情不好而发挥失常，被淘汰出局。

在这个事例中，卡斯丁先生在面对手表被摔坏这件事时，没能妥善处理，接连引发了一连串叫人心塞又恼火的事情。可以说，随后的这些事情的发生均是当事人卡斯丁先生没有妥善地处理好第一件事情造成的。

倘若卡斯丁先生能在最初换一种处理方式，比如，看到被摔坏的手表时不是火冒三丈，而是安慰儿子："不要紧，手表摔坏了没事，我拿去修修就好了。"如此一来，儿子不会有那么大的负罪感，妻子也不会同他发生争执，他的心情也不受影响。那么，随后的一切就都不会发生了。

由此可见，一个人倘若控制不了前面的10%，那么后面的90%的结果就会受到自己的心态与行为的影响。这实际上提示了我们这样的一个道理：生活中的10%由发生在你身上的事情组成，而另外的90%则由你对所发生的事情如何反应决定。

在20世纪的商业史上，可口可乐与百事可乐是两大竞争对手，它们之间经常发生激烈的市场争夺战。原本,在两强争夺战中,可口可乐牢牢占据着绝对的竞争优势,但由于一次错误的决策,最终痛失了销售市场的半壁江山。

当时,在消费者的心目中,可口可乐是美国的化身,是真正的正牌可乐,有着极其有利的消费者支持率。然而,面对日益壮大、充满朝气和创新精神的百事可乐公司,老牌企业可口可乐还是感受到了危机和压力。于是,1985年5月,可口可乐公司为了夺回年轻一代的消费者——倾向于喝百事可乐的所谓"百事新一代",不惜耗资400万美元修改了沿用了99年的"神圣配方",推出了全新的品牌——"新可口可乐"。然而,出人意料的是,"新可口可乐"的推出,却使可口可乐滑向了险象环生的深渊。

原来,在新配方推出之前,可口可乐公司在美国和加拿大的几大城市做了27万人次的广泛调查。调查结果表明:无论是美国人还是加拿大人,都想追求一种新的生活方式,认为可口可乐一直以来所沿用的古老配方,在百事可乐不遗余力的攻击下,已经严重缺乏市场竞争力了。就是在这次调查的基础之上,"新可口可乐"被推向了市场。与此同时,可口可乐公司宣布,停止老配方可乐的生产和销售。

没想到,新产品一经推出,可口可乐公司就收到了无数消费者的抗议信和抗议电话,甚至出现了许多消费者上街游行、拒喝"新可口可乐"的事件。百事可乐公司更是趁火打劫,推出了"既是好配方,为何要改变"的广告语。就这样,在内外交困的情况下,占据可乐市场百年之久的可口可乐公司陷入空前的危机之中。

可口可乐公司这次百年一遇的危机出现的原因，就在于其推出新产品的时候忽视了一个重要的因素：消费者对品牌的感情支持度。须知，在大多数美国民众心目中，可口可乐无疑代表着美国，更是美国精神的象征。因此，新产品的推出伤害了许多消费者对老品牌产品的忠诚度，也动摇了其"正宗可乐"的产品地位——这相当于在自我贬低。

因此，尽管此后为了挽救危机局面，可口可乐公司一方面宣布恢复原有配方，将其命名为"古典可口可乐"，并在商标上标明"原配方"，如此才让一路狂跌的可口可乐股票得以回升。甚至利用百年庆典大做宣传，以挽回自己的颓势，其声势之大，甚至在距离半个地球之遥的伦敦也组织了精彩的"上浪潮"新节目。但由于"新可口可乐"仍在继续生产，造成可口可乐市场一片混乱，新老消费者都被弄得无所适从。因此，其采取的一切措施均没能从根本上改变它与百事可乐激烈竞争的格局。

这一案例提醒我们，可口可乐公司遭遇经营危机，原因恰恰在于没有正确地使用费斯法则——在拿到第二个以前，轻易地扔掉了第一个。当大家站在同一起跑线上时，决定胜败的关键因素就在于企业或个人做事的态度和策略——是步步为营，不骄不躁地持续扩大影响力，还是粗心大意，丧失了应有的自信心和警惕心。

## 费斯诺定理：
## 少说多听的力量

费斯诺定理是英国联合航空公司前总裁兼总经理费斯诺提出的，该定理指出：人有两只耳朵，却只有一张嘴巴，这意味着人应该多听少说。如果一个人说得过多、过满了，所说的就会成为障碍。换言之，一个人在做人处事时，应该多听少说，用有效的行动做好自己的本职工作。

身为英国联合航空公司前总裁兼总经理，费斯诺是一位很有想法的高管。他经过观察发现，凡是对工作牢骚满腹的人，一定会遭到上司的打压，进而影响更多人的情绪。因此高层管理者一定要成为化解牢骚、改变不合理现状的催化剂——这是企业管理中不可忽视的重要部分。

的确，牢骚是企业发展中最大的障碍，也是破坏生产秩序、人际关系的最大因素。而如何化解员工心中的牢骚和不满，就成了公司领导层管理水平的重要体现。为此，费斯诺要求管理者们少说多听，真正关心员工的所思所想，以此扫除因为说得过多、做得太少而造成的工作障碍。

费斯诺定理的核心意义就在于倾听。倾听，既是一种获得有效信息的途径，又是一种有效沟通的方法，也是对他人的一种尊重。因为倾听本身就是对对方的一种褒奖，一个人能耐心地倾听对方的谈话，就等于告诉对方——"你是一个值得我尊敬的人"。如此，对方又怎能不积极回应，并表现出对倾听者的好感呢？

因此，有效的倾听不但能帮助我们做好本职工作，并且可以促成有效倾听基础上的创新。而且，心理学研究表明，越是善于倾听的人，与他人的关系就越融洽。

日本的松下公司多年来业绩一直蒸蒸日上，其中一个重要的原因就是其已故董事长松下幸之助善于倾听员工的心声——不论是好的建议还是单纯地发牢骚。比如，松下幸之助经常问基层管理人员："说说看，你对这件事是怎么考虑的。""要是你干的话，你会怎么办？"最初，一些年轻的管理人员不敢说心里话，然而，当他们发现董事长对自己所说的每一句话都认真倾听，还不时拿笔记录下自己的建议时，他们就开始认真发表自己的见解了。

除了认真倾听下属的看法和见解，松下幸之助一有时间就要到工厂去转转，认真听取一线工人的意见和建议。当工人向他反映意见时，他一如既往地认真倾听。无论对方说话有多么啰唆，或者有多么不中听，他总会不时地回应对方，不时地对自己赞成的意见表示肯定，或者就某一问题与工人们热烈地讨论。就如他所说的："无论是谁说的话，总有一两句是正确的、可取的。"

总之，在松下幸之助的头脑里，从来没什么"人微言轻"的观念，他既可以认真地倾听最底层工作者的正确意见，又可以认真地倾听高级主管的建议。对于他来说，认真地倾听别人的话语，既显示了对对方的尊重，又能让自己迅速发现存在的问题，改进经营的方式，同时增进员工的忠诚度和归属感，对于公司的经营管理有着莫大的益处。

美国著名口才训练专家卡耐基说过这样一句话："对和你谈话的那个人来说，他的需要和他自己的事情永远比你的事重要得多。在他的生活中，他要是牙痛了，那对他来说会比发生天灾或数百万人伤亡的事件更重大；他对自己头上生的小疮的在意程度，会比一起大地震还要高。"

的确，对于每一个个体来说，其本身就是一个"独立王国"。想要在工作和生活中建立和谐、顺畅的人际关系，就必须学会善于利用自己的耳朵，做一个懂得倾听的人，成为别人忠实的听众。如此一来，对方感受到被人重视的同时也会对你产生好感，进而愿意与你建立融洽的人际关系；相反，当别人说话时，不用心听，或者总是抢话题，又或者打断别人的话题，就会让对方失去交谈的兴趣——这是人际沟通中的大忌。

然而，道理很简单，能做到的人却并不多。你常常能发现，有相当多的人缺少倾听他人的耐心，更喜欢自己主导话题。殊不知，善于倾听别人的意见，既是对他人的尊敬，又能够赢得他人对自己的尊敬。说到底，这也是一个人能够获得成功的必备素质。

第四章

二八法则：

那些支配事物发展的关键因素

## 二八法则：
## 把握起主导作用的关键点

　　二八法则，又被称为80/20法则、帕累托法则、不平衡原则等，主要内容是指投入与产出、努力与收获、原因与结果之间普遍存在着不平衡的关系——起关键作用的小部分，通常可以主宰整个组织的盈亏和成败。它是在19世纪末20世纪初，由意大利经济学家帕累托发现的。

　　1897年，帕累托无意间发现了19世纪英国人的财富和收益模式。他经过调查取样发现，少数人掌握着英国大部分的财富。同时，他还通过研究早期的资料发现，这种微妙的关系在其他的国家也同样反复出现，而且在数学模型上呈现出一种稳定的关系：占人口比例20%的人，占据着80%的社会财富。即财富在人口中的分配是不平衡的。由于其中出现了20%和80%这两个数字，于是被人形象地称为二八法则。

　　二八法则不仅出现在经济活动中，在人们的日常生活中，同样存在着相当多不平衡的现象。当然，一般来说，这种不平衡关系的比例并非均为80%和20%，但习惯上人们会优先用二八法则来讨论这些不平衡的现象，用以计量投入和产出之间可能存在的关系。迄今，这一法则已在经济学、管理学领域得到了广泛的应用。

在牛津大学读书时，理查德·科克就从学长的谆谆告诫中领悟了二八法则：倘若你想尽快读完一本书，那么你无须将一本书全部读完，而是应该领悟这本书的精髓。在这里，这位学长要表达的意思就是，一本书80%的价值，已经包括在20%的页数中，因此仅需看完整部书的20%就可以了。对于这种方法，理查德·科克相当喜欢且一直沿用它。

由于牛津大学不存在一个连续的评分系统，因此，课程结束时的期末考试，成了裁定一个学生在校成绩的最后一次机会。理查德·科克发现，仅需将过去的考试试题加以分析，就可以掌握所学知识的80%。甚至，花费更少的时间就可以充分准备与课程有关的知识，而且可以解答试卷中80%的题目。有了这一心得，他无须披星戴月地整日苦读，依然取得了极好的成绩。

毕业后，理查德·科克进入了老牌企业壳牌石油公司工作。最初，在炼油厂工作时，他感觉非常不好。很快，他就意识到，像自己这样年轻又没经验的新人，或许从事咨询行业是最好的选择。为此，他很快离开壳牌石油公司，去费城学习咨询，并相当轻松地获取了Wharton工商管理的硕士学位。

紧接着，他加盟了一家顶尖的美国咨询公司。这家公司给他开出的薪资是壳牌石油公司的4倍。在这家公司工作一段时间后，理查德·科克发现了更多的二八法则的实例。比如，80%的咨询公司的成长、壮大归功于约占公司总人数20%的专业人员。而其余那些约占公司总人数80%的人员若想快速升职，只有跳槽到一些小公司才能实现。于是，工作一段时间后，他跳槽到了第二家咨询公司。在这里，他惊奇地发现，相比前一家公司的同事，这儿的新同事做事更有效率。

而实际上，新公司的同事并不比原来的同事更卖力，或者更聪明。只不过，新同事们在两个主要方面充分利用了二八法则。首先，他们深谙80%的利润是由20%的客户带来的这一道理，于是，他们将关注点主要放在大客户和长期客户上：前者所带来的任务量大，从而让公司更有机会雇用更年轻的咨询人员；而后者的关系造就了彼此间的依赖性，因为倘若长期客户更换咨询公司，就会增加成本。

对于大部分咨询公司来说，重点工作就是争取新客户。不过，在理查德·科克所在的新公司里，明智之举则是尽可能地和现有的大客户、长期客户维持长久的合作关系。

没过多久，理查德·科克就发现，对于咨询师及其客户而言，付出的努力和得到的报酬之间也不存在任何关系。聪明人要学会掌握做事的规律，而不是像头老黄牛一样盲目地向前冲——这也就是很多工作努力但头脑不机敏的员工无法成为顶尖员工的原因。

理查德·科克发现，尽管包括自己在内，公司共有30多个合伙人，不过公司创立者却独得公司30%的利润，而创立者只占合伙人的4%。理查德·科克与其他两位合伙人决定打破这种局面，于是他们独立出来，开设自己的公司，用同样的道理来赚钱。慢慢地，其公司渐渐成长，拥有了上百个咨询人员。而他们三位创立者尽管为自己的公司做了不到20%的努力，却享受了超过80%的利润。

理查德·科克的经验告诉我们，要小心地选定一个篮子，将自己所有的鸡蛋放进去，然后如同老鹰一样盯紧它，让你通过这个篮子里的鸡蛋获得最大的收益。虽然这种做法违背了经济学家提倡的分散投资风险的观点，但不能不说，这种方法抓住了起主宰作用的关键，从而让自己以极少的付出获得最大的收益。

这也正是微软公司很大，但比尔·盖茨却可以常常"周游列国"，巴菲特的企业很大，而他却每周均可以欣赏两部以上的电影的原因。这些成功企业家之所以能够享受"清闲"，原因就在于他们抓住了关键的20%。

除了在经济和管理方面，二八法则对我们的自身发展也有重要的现实意义，意即一个人要学会避免将时间和精力花费在琐事上，要学会抓主要矛盾。须知，一个人的时间和精力是非常有限的，倘若想真正"做好每一件事情"几乎是不可能的，为此，要学会合理分配时间和精力，抓住重点进行突破，即将80%的资源花在能出关键效益的20%方面，从而借这20%的力量带动其余80%的发展。

## 阿罗定理：
## 让所有人满意是不可能的

阿罗定理又被称为不可能定理，它是指如果众多的社会成员具有不同的心理偏好，而社会又有多种备选方案，那么，在民主制度下，就不可能得到令所有人都满意的结果。这一定理是由1972年度诺贝尔经济学奖获得者，美国经济学家肯尼思·约瑟夫·阿罗提出的。

在大学期间，阿罗迷上了数学逻辑。大四时，他选修了波兰著名逻辑学家塔斯基（Tarski）所讲的关系演算理论。在这一年的听课过程中，阿罗系统地研习了从前靠自学才能接触到的传递性、排序等概念。

大学毕业后，阿罗考上了研究生，在哈罗德·霍特林（Harold Hotelling）的指导下攻读数理经济学。在此期间，他发现，自己所喜爱的逻辑学理论能够在经济学领域发挥重大作用。例如，消费者的最优决策就与逻辑学中的排序概念相吻合，即消费者会从众多商品组合中选出其最偏爱的组合。

于是，阿罗因其所接受的逻辑学训练，顺理成章地开始对这种排序关系的传递性进行考察。就这样，他轻易获得了一个反例。这一反例激起了阿罗的极大兴趣，不过，也成了他进一步研究的障碍，最终，他不得不暂时放弃了进一步研究的想法。

一年后，当阿罗在芝加哥的考尔斯（Cowles）经济研究委员会工作时，突然对选择政治学发生了浓厚的兴趣。经过细致、深入地对比、计算，他发现，在某些条件下，"少数服从多数"的确可以成为一个合理的投票规则。可是，一个月后，他发现这一理论已经被其他人提前发现，并刊登在学术期刊上。

1949年夏，阿罗成为美国著名的智库——兰德公司（Rand）的顾问。这一公司最初是替美国空军提供咨询服务的，其研究范围相当广泛。当时，服务于该公司的哲学家赫尔墨（Helmer）正试图将对策论应用于国家关系的研究中，但进展并不顺利。于是，阿罗建议赫尔墨不妨用序数效用概念对这一理论加以重新表述，并替他写了一个详细的说明。

也就是在撰写这一说明的时候，阿罗意识到，这个问题跟两年来一直困扰着他的问题实际上是一样的。既然已经知道"少数服从多数"原则通常并不能将个人的偏好汇集成社会的偏好，那么，必定存在其他的方法。最终，在几个星期以后，他提出了阿罗不可能定理。

阿罗不可能定理提示我们，少数服从多数不一定民主。因此，依靠简单的少数服从多数的投票原则，想在各种个人偏好中选出一个共同的、一致的意见是不可能的。换言之，想用投票的过程来达成协调一致的集体选择结果，通常是不可能的。这就是说，让所有人都满意是不可能做到的，不存在能够仅凭个人意愿就决定选举结果的独裁者。

同样，这一定理也提醒我们，每一个个体的所作所为、所思所想不可能让所有人满意，所以，与其寄希望于取悦所有人，不如做好自己应做的事。

一种叫作砗磲的大海贝，是出产于南太平洋岛国瓦努阿图附近海域的一种特产，只有在这种砗磲中才能长出弥足珍贵的黑珍珠。瓦努阿图出产的黑珍珠颗粒硕大饱满，色泽光润细腻，备受世界各地豪门巨贾的追捧，价格也逐年倍增。然而，尽管此地每天捕捞上岸的砗磲数以百计，但其中能长出黑珍珠的却寥寥无几。加之这种砗磲的贝壳比较厚实，出水之后也一直紧闭着，仅靠肉眼无法判断里面究竟是否有黑珍珠。所以，想找到它相当困难。但由于这种黑珍珠一颗就可以卖出十几万美元的高价，因此，许多人还是无法控制自己对财富的向往，纷纷来到海边。

这种需求由此催生了当地火爆的砗磲买卖。瓦努阿图海岸出产的砗磲按照个头的大小，价格在四五十美元到上百美元不等。可以说，这就如同一场充满玄机的赌博，买家完全凭借自己的主观猜测押宝。尽管幸运的人很少，但买家却都乐此不疲。对他们而言，只要押对了一次，花区区几十美元就可赚回十几万美元，何乐而不为呢？

就这样，在每年的捕捞季，成百上千求胜心切的买家来到瓦努阿图，结果是仅有极少数的幸运儿满载而归，绝大多数人还是铩羽而归。然而，到了下一个捕捞季来临的时候，同样的情景会再次上演。于是，在这场经年累月的押宝游戏中，几乎所有的买家都输了，许多人甚至为此而倾家荡产。当然，从始至终会有赢家，那就是当地的渔民。

尽管这里的渔民卖砗磲的收入并不是很高，但是可以稳稳当当地赚取利润，许多年以后，很多渔民竟然也攒下了一笔数目可观的财富。这些渔民不是不知道自己完全可以选择凿开砗磲的贝壳，从中寻找黑珍珠，这极有可能实现自己一夜暴富的梦想。不过，他们更加清楚的是——在好胜的心态和不知足的欲望面前，没有一个买家可以靠押宝稳赚不赔，笑到最后。

阿罗不可能定理可以应用在生活中的各个方面，不仅仅是在政府决策或者经济规律中。对于个人来说，这也是一种足以令人自省的理性选择——只有选择最适合自己的一面，控制住可能无限膨胀的投机心理，才能把人生的筹码牢牢地握在自己手中。

## 犯人船理论：
## 好的制度，才能克制不好的人性

所谓犯人船理论，是指靠人性的自觉、靠说服教育、靠他人的监督都解决不了的问题，靠完善的制度却得以完美地解决。通俗地说，即无论是一个组织，还是一个国家，靠人性的自省、自觉，靠说服教育，靠他人的监督都解决不了问题时，只有通过制定完善的、可行的制度，才会让人抛却利己的私心来遵从规则，做于己于人于国都有利的事情。

1770年，英国政府宣布，澳大利亚成为大英帝国的殖民地。为了开发当时还是一片蛮荒的澳大利亚，英国政府决定将已经判刑的囚犯运往澳大利亚，以此解决国内监狱人满为患的问题。同时，此举也可为澳大利亚送去丰富的劳动力。

运送罪犯的工作由英国私人船主承包，运费则按船上的人头结算。最初，英国私人船主向澳大利亚运送囚犯的条件和美国人从非洲运送黑奴的条件差不多——船舱里拥挤不堪，营养与卫生条件极差，导致囚犯的死亡率极高。

据记载，从1790年到1792年的三年间，由私人船主送运到澳大利亚的4082名犯人中，死亡人数为498人，平均死亡率约为12%。其中，一艘名为海神号的船上一共装运了424名犯人，最终的死亡人数为158个，死亡率高达37%！当时，从英国到澳大利亚的这条罪犯运输之路，几乎成了一条"蓝色地狱之路"。

为此，英国政府花费了大笔资金，不但没能达到往新的殖民地运送大批移民的目的，还因此引发了社会各阶层强烈的道义谴责。如何解决这个问题呢？一是进行道德的说教，寄希望于私人船主的人性之善；二是政府干预，以法律条文的手段，促使私人船主改善船上的生活条件。最终，政府采用了极其简单的方法，一举改变了这一情况。

这个简单的方法，就是付费制度：政府不再按上船时运送的囚犯人数来给船主付费，而是按下船时实际到达澳大利亚的囚犯人数来付费。这样一来，到达澳大利亚的人数就显得至关重要了。于是，船主一反之前对待囚犯的恶劣态度，不但让他们吃饱吃好，还为其配备了专职医生，带上了常用药……

这一故事出自英国历史学家查理·巴特森撰写的《犯人船》一书，它说明了制度的重要性。由此，人们得出了犯人船理论。从这一理论我们可以看到，好的制度设计对于每个组织和整个社会来说都是非常重要的。只有靠完善的、合理的制度，才会让人抛却利己的私心，并愿意遵从规则，去做对各方面都有利的事情。犯人船理论所强调的制度的重要性，在我们的身边随处可见。

在超市、大卖场等商业场所，店员常常会产生小偷小摸的冲动，常有人试图打开现金抽屉来中饱私囊。为此，收银机这样的机器就出现了。它迫使店员按照规矩，如实地记录下每一笔交易。如果违反监管的规矩，那么，现金抽屉即便想打也打不开。这说明，既然人是靠不住的，那么就必须"用一种机制去筛选不可靠的人，同时用这种机制去限制和规范所有人的不可靠的行为"。

第二次世界大战中期，美国空军和降落伞制造商之间的博弈，也利用了犯人船理论。

当时，美国空军降落伞的合格率在制造商的努力下逐步提升到99.9%，而军方则要求必须达到100%。最初，制造商对伞兵中每1000人必死1个的现象表现得相当冷漠。后来，军方改变了检查产品质量的制度，决定从制造商前一周交货的降落伞中随机挑选出一个，让厂方负责人穿上装备，亲自从飞机上跳下，自己先当一回"伞兵"。

结果，制造商再也没法冷眼旁观了，为了不把性命搭上，他们夜以继日地改进降落伞的质量，终于使产品的合格率达到了100%——收货制度一经修改，奇迹便产生了！

当然，犯人船理论并不是借制度改变人的利己本性，而是要利用人这种无法改变的利己心，引导他们去做有利于社会的事。为此，在利用犯人船理论制定制度时，也必须顺应人的本性，而不是力图改变这种本性。

正如英国著名的经济学家、政治哲学家哈耶克所言："一种坏的制度会使好人做坏事，而一种好的制度会使坏人也做好事。"

## 弗洛斯特法则：
## 明确自身选择的边界

弗洛斯特法则的大意是，在筑墙之前就应该知道把什么东西圈出去，把什么东西圈进来。它得自美国人W.P.弗洛斯特的一句名言。这一法则意义在于，告诉人们在行动之前先思考并明确了行为的界限，人们最终就不会做出超越界限的事来。

某电视娱乐节目一开始，主持人拿出一大沓面值不一且杂乱叠放的钞票，要求在规定的3分钟内，由从现场临时挑出的四名观众进行点钞比赛。这四名参赛的观众中，谁数的金额最多，数目又最准确，那么，谁就可以获得与自己刚刚所数的现金金额一致的奖励。

游戏规则由主持人现场宣布后，全场轰动。每个人心里都想着："在3分钟内，不说数几万元，怎么也能数出几千元吧？"在短短几分钟的时间里就可以获得几千元的奖励，真是让人既刺激又兴奋。

游戏开始了，四个人埋头迅速地数起钞票来。在这一过程中，主持人拿着话筒，轮流给参赛者出脑筋急转弯的题目，以打断参赛者的正常思路。并且，参赛者要答对题目才能接着往下数钞票。结果，几轮下来，游戏时间结束了，四名参赛观众手里分别拿着厚薄不一的一沓钞票。主持人将他们各自报出的钞票数额记录了下来，结果分别是，第一位观众数了3472元，第二位观众数了5836元，第三位观众数了4889元，而第四位观众仅仅数了500元。

当主持人报出这4组数字的时候，台下顿时笑声一片。观众们不明白，为何第四位观众会数得那么少。接下来，主持人公布了四人所数钞票最终的准确数额：3372元，5831元，4879元，500元。即前三位数得多的参赛观众，或多计了100元，或少计了5元、10元，距离正确数目均有差距。唯有点钞金额最少的第四位参赛者的数目完全正确。最终，只有第四位观众获得了500元奖金，其余三人仅仅是玩了一把刺激的点钞游戏。

看到台下的观众议论纷纷，主持人严肃地告诉大家："自从这个节目开办以来，在这项角逐中，所有参赛者所得的最高奖金从来没能超过1000元。"最后，主持人说："有时，聪明地放弃，实则是经营人生的一种策略，也是一种大智慧。只不过，它需要更大的勇气和智慧。"

费洛斯特法则其实要说明的就是这样的一个道理：要筑一堵墙，首先就要弄清筑墙的范围，把那些真正属于自己的东西圈进来，把那些不属于自己的东西圈出去。它提醒我们，做任何事情之前，都要有一个清晰的界定：什么能做，什么不能做；接受什么，拒绝什么。

谁都知道，地球的最北端是北极，那是一片茫茫无际的雪原，因此，在极地行动时，保持行进路线方向的精确性是最重要的事情之一。可是，在这片白茫茫的雪原上不存在任何形式的路标，来到此地的探险家唯一可以信赖的只有其携带的测量仪器。为此，他们不得不每走一个小时就停下来查看地图，以确定下一步详细的行走路线。

然而，就在探险家们走出营地数小时之后，一个奇怪的现象发生了：当他们停下来读取测量仪器上的数据时，他们惊奇万分地发现，虽然他们准确无误地向着北极的方向进发，可是却与极点的距离越来越远。队员们最初以为这只是一次误测，于是继续前行。然而，再一次读取数据时，他们发现离北极点更远了。

接下来的数据显示，他们沿着既定方向走得越快，与极点的距离就越远。这到底是怎么回事呢？最后，他们才发现，原来他们脚下所处之地竟然是一座正在向南漂移的巨大冰川，而这座冰川向南漂移的速度远超其北行的速度！可以说，他们做的每一件事都是正确的，错就错在没有弄清楚自己的置身之处。

其实，很多时候，我们选择的方向是正确的，而且我们也为之付出了努力，但最终却没达到目标。这时，不必埋怨老天的不公，也不要埋怨外部环境的恶劣，重要的是低头看一看，确认自己是否明白自己真正想要什么和不要什么，即明确自身的界限。

## 本尼斯第一定律：
## 周全规划，成就不平凡的事业

本尼斯第一定律是美国加利福尼亚大学商学院教授本尼斯提出的一条定律。它是指计划的执行过程中经常有意外状况发生，千万不要以为计划制订好了便万事大吉，一个小小的意外都完全有可能使计划脱轨，并且变得一发不可收拾。因此，计划执行过程中的监控和反馈是极为重要的。

它给我们的启示是，凡事一定要考虑周全，不要轻易做出轻率之举，否则的话，那些意外发生的事情往往会令人功亏一篑。

提到史蒂夫·凯斯，许多人会第一时间想到美国在线，想到他在公司经营中遵循的本尼斯第一定律——通过周全的考虑提前做出全局规划，进而成就不平凡的事业。

1958年，凯斯出生在夏威夷。儿时的他只不过是一个极其普通的孩子，各方面均表现平平。成年后，他进入了美国北部的马萨诸塞州威廉斯学院学习政治学。在大学期间，他对广告和市场产生了浓厚的兴趣。于是，大学毕业后，他将市场销售定为自己的择业目标，并幸运地成为宝洁公司市场部的推销员。在保洁公司，凯斯发明了一种带吹风机的毛巾。不过，遗憾的是，这一极具技术魅力的产品的销售情况却并不理想。

凯斯由此认识到，市场上卖得最好的东西未必具有最好的技术，但一定是最简单、最具可操作性的；技术永远只是手段，而不是市场销售的终极目的。

1983年，凯斯到弗吉尼亚北部的控制视像公司Quantum上班后不足数周，公司就倒闭了。凯斯和两位同事合作，在原公司的基础上创办了一家小得可怜的公司，投身于网络世界，这家公司就是美国在线（America Online）。

硅谷高科技精英们对初出茅庐的凯斯嘲笑不已，讽刺美国在线的产品太缺少技术含量。不过，在凯斯看来，虽然美国有着难以计数的电脑公司，但这些公司大多注重技术研究与开发，或是电子销售，而对消费者研究不够。他经过研究后发现，网上聊天是网络用户们最喜欢做的事情，而在聊天过程中，他们最关心的是彼此间的交流是否畅通，而非学习高科技。

至此，凯斯的经营理念又发生了变化。他认识到，最好卖的东西必须是最简单的，然后，还要将其摆放在所有人都能看到的地方。随后，他在美国在线的运营开发方面付诸实践，并将其发挥到极致。当然，他收到了预期的效果。

1991年，美国在线赶超两个竞争对手Prodigy和CompuServe，并获得了合作对象《纽约时报》及音乐电视台提供的充实而丰富的内容，很快脱颖而出，成了首屈一指的互联网公司，也成了极少数开始赢利的互联网公司之一。

1992年,美国在线公开上市。1994年,美国在线的用户数量达到了100万户。这一结果令那些曾对凯斯和美国在线大肆嘲讽的IT界头面人物大跌眼镜。随后,微软、美国电报电话、IBM等公司纷纷涉足互联网行业。

接下来,凯斯在处理了一系列危机后,成功地并购了几十家与互联网有关的小公司,这其中就包括CompuServe和Netscape(网景)。这一系列并购使得美国在线新涉足的电子商务业务获得了极大成功,使得千千万万的人首次体会到网上购物的新奇和刺激。1996年,美国在线还与美国第一合作推出了第一种网络信用卡——美国在线VISA卡。

到了1999年,美国在线已经发展成为拥有互联服务集团、互联资产集团、网景企业集团和美国在线国际集团等数家公司的巨型公司。在当时,美国在线是世界上规模最大、资本最雄厚、经营最成功的互联网企业,其股票市值高达1600亿美元,相当于IBM公司市值的两倍。

回顾凯斯的成功之路,他在一步一步完善自己的理论的同时,以本尼斯第一定律为原则,一步一步周全考虑,提前规划,采用面向消费者的简明策略,使美国在线迅速发展,从一家毫不起眼的互联网公司,一步步成为全球瞩目的媒体巨人。

第五章

## 史密斯原则:
## 合作,让智者借力而行

## 史密斯原则：
## 如果不能战胜对方，不如加入对方

史密斯原则是美国通用汽车公司前董事长约翰·史密斯提出的著名的策略型原则，即"如果你不能战胜他们，你就加入到他们之中去"。这一原则告诉我们，世界上没有永远的敌人，只有永远的利益。不管是合作还是竞争，在利益至上的原则上，理性地选择合作伙伴，甚至可以让残酷的竞争也变得优雅而有效。

如今，微软公司可谓无人不知，无人不晓。不过，如果回溯到几十年前，相比IBM等大公司，微软就是大象脚下的小草，根本谈不上被世人关注。

比尔·盖茨在确立将自己的公司发展成如IBM一般的大公司的目标后，就将个人计算机的服务系统作为公司的主攻方向，而不是计算机的硬件开发。从此，他组织研发人员夜以继日地研制新型的系统软件。在此过程中，他听说帕特森的西雅图计算机产品公司已经研制出一种被称为QDOS的操作系统。他和自己的研发人员几经讨论后决定，与其最终和对方在市场上斗得你死我活，不如以合适的价格将其使用权和所有权买下。这样一来，不但可以推进自己的产品研发速度，而且可以减少竞争对手。

就这样，盖茨及其研究人员在QDOS操作系统的基础上进行改进，最终研制出了自己的操作系统MS-DOS。接下来，就是将产品推向市场了。这时，比尔·盖茨首先想到了IBM。他认为，自己的软件系统和IBM的硬件开发相结合，无疑将是一种合作双赢的局面，可以打造一种"你为我用，我为你用"的最佳状况。结果，双方一拍即合。

在双方首次见面前，IBM要求盖茨签署了一项保证不向IBM谈论任何机密的协议，以此从法律上保护自己。而盖茨从这一例行公事的行为中明白了，IBM与自己合作的态度是认真的。他兴奋地感到，微软的机会到了。

然而，当盖茨与IBM第二次见面时，他意识到，IBM打算插手个人计算机领域，微软将要面对一个如大象般庞大的竞争对手。怎么办？盖茨本着能说服对方使用微软软件就更好的想法，热情地与IBM合作，并在此过程中倾注了自己的满腔热情。当时，合同的第一项订货是操作系统，按IBM的要求，双方合作的软件成品必须在1981年3月底以前设计完成。

于是，比尔·盖茨带领自己的伙伴们不分昼夜地加班设计，最终如期向IBM交了一份满意的答卷。借助于合作带来的力量，微软很快研制出了IBM PC，其DOS系统也因此成为行业的唯一标准。此后，伴随着IBM PC销量日增，MS-DOS的影响也与日俱增，专门为其开发的应用软件也越来越多，其基础地位更加得以巩固。

微软就这样在竞争与合作中不断前进，成了最大的赢家。

可以说，微软正是由于和当时的电脑业巨头IBM合作，挖到了自己至关重要的一桶金，从而为其日后的辉煌发展打下了基础。这一合作也完美地诠释了弱者如何通过与强者合作，提升自己的竞争实力，加快自己的成功速度，进而走上成功之路。

这也是史密斯原则的精髓所在——如果你无法战胜对方，那么不如加入对方，借力打力，提升自己。这也不失为一条成功之路。

美国可口可乐公司前负责人伍德拉是一个喜欢凭自己的力量做事的人。因此，他从来不喜欢向银行贷款，更不喜欢向别人借款。然而，在美国经济大萧条时期，可口可乐公司一度陷入经营困境。此时，为了公司的发展，一位财务负责人提出了以9.75%的利息贷款1亿美元的建议。伍德拉一口回绝了，坚持可口可乐公司在他就任期间绝不借别人一分钱的原则。然而，这一做法大大限制了可口可乐公司的发展，使之一直无法进入大公司的行列。

伍德拉离任后，戈苏塔接替他担任公司负责人。与伍德拉的保守策略截然不同，戈苏塔深深地了解商业游戏的规则，他巧妙地运用了合作共赢的策略。刚上任，戈苏塔就看准方向，与银行合作，大举借款，随之，可口可乐公司的债务由原来的2%一下子升至20%，公司得到了充足的资金，其产品利润也增长了20%。而伴随着公司利润的不断增加，可口可乐公司的股票价格也水涨船高，成为人们竞相追捧的对象。就这样，可口可乐公司迅速成为饮料类的龙头企业。

戈苏塔时常说:"既然看准了方向,就不要怕花钱。没钱的话,借钱也要花。"戈苏塔正是靠着从银行借来的资金,使得可口可乐公司的业绩大为好转。如果他像前任董事长伍德拉一样保守,恐怕可口可乐至今仍然是个名不见经传的小公司。

这一事实表明,巧妙地与他人合作,可以让自己得到长足的发展。许多优秀的企业家就是这样让自己的企业发展起来的。正如法国著名小说家小仲马的剧本《金钱问题》中的一句台词:"赚钱,实际上并不困难,只要有效利用好别人的钱就可以了!"

这话听起来很露骨,实际上却一针见血。的确,巧借他人之力,借力使力,这是每一个创业者必须学会的首要技能。

## 边际递减效应：
## 当投入与付出不成正比时

　　边际递减效应，在经济学上被称为边际贡献，在心理学上，则被称为剥夺与满足命题。这一心理效应是霍曼斯提出的。它是指消费者在逐次增加1个单位消费品的时候，带来的单位效用是逐渐递减的（尽管带来的总效用仍然是增加的）。

　　如何理解这一效应呢？让我们以一个故事来说明：

　　富兰克林·罗斯福连任第三届美国总统时，有一次，他接受记者的采访。一位记者问他连任的感受，罗斯福笑了笑，却没有回答，只是殷勤地招待记者，请对方吃三明治。在连续请这位记者吃了三四块三明治后，这位记者由开始的受宠若惊、喜出望外，变为越吃越难受，最终，他向罗斯福表示自己实在吃不下了。这时，罗斯福笑着说："现在，你知道我再次连任的感受了吧？"

　　的确，罗斯福在首次当选总统时，必定是相当满足的，虽然当时恰好是美国的经济大萧条时期。但在第三次担任总统时，对于他而言，当选总统或许就相当于吃第三块或第四块三明治，那种连任后带来的心理满足会越来越低。这就是边际递减效应最为形象的说明。

从经济学的角度来看，当我们去饭店吃饭时，倘若满意度是10分，那么当我们吃第一个菜的时候，获得的满意度是10分或9分，接下来的几个菜的满意度就会顺次递减为8分、7分……最终，吃的菜越多，满意度就越低。不过，在此过程中，总的满意度却在不断增加。

将这一原理用心理学理论加以解析，即当我们对某事物充满向往之情时，我们在其身上投入的情感就会越来越多，首次接触到这一事物时，情感体验最为强烈。不过，随着次数的增加，这种情感体验也会越来越不强烈，趋于淡漠，直至变得乏味。

边际递减效应理论的应用相当广泛，在我们的生活中随处可见。无论是在教育、科技、经济领域，还是与人相处时，它都可以给我们带来启示。

一个叫杰米扬的人，特别擅长做汤。而他本人也颇以此为荣。每当朋友家要请客的时候，必定会请他去帮着做汤。而每当他请朋友到家中做客时，也一定要为客人做汤。这一天，他的家中迎来了一位新客人。杰米扬为这位新朋友调制了一盆无比美味的汤。第一碗汤送上去，这位朋友喝了第一口就大赞汤好、味道美，很快就将一碗汤喝光了。

没等朋友说话，杰米扬立刻大声说："这汤的味道不错吧？再来一碗！"说着，他立即为朋友送上第二碗汤。朋友一边和杰米扬聊天，一边将汤喝了下去。杰米扬随即为朋友盛上第三碗汤。朋友说实在喝不下去了，杰米扬却说："我做的汤很好喝，你喝吧，喝吧！"朋友无奈之下，只好委屈自己喝下了第三碗汤。随后，杰米扬没等朋友说话，就说："再来一碗吧。这么好喝的汤！"朋友吓坏了，连饭也不吃了，落荒而逃……

在这个故事里，我们可以发现边际递减效应的影响。它提示我们，人际交往中，把握好分寸，更利于维护人际关系。

边际递减效应会在获得的时候发挥作用，在失去的时候同样也会发挥作用。这正如"人们总是在失去后才懂得珍惜"这句话说明的道理一样——人们在第一次失去时，反应会无比强烈。但随着失去次数的增多，反应反而越来越平淡，这就是所谓的放弃中的边际递减效应。

边际递减效应无处不在，却不是人人都了解。而那些擅于观察和思考的人，会在生活中发现它的存在，也会在生活中更好地进行边际调整，使自己做出的每一项调整都能取得准确的边际收益。

## 沉没成本效应：
## 不愿割舍的代价是失去更多

所谓沉没成本效应，是指由于过去的决策已经发生的，而不能由现在或将来的任何决定改变的成本。比如已经付出的时间、精力、金钱、努力等。这一效应因为着眼于失去的代价，因此，从人类惧怕损失的心理角度来看，它极易导致一个人对损失念念不忘，每一次想起都会令心情变得更沉重，而在决定未来时死抱住过去不放，最终导致沉没成本谬误危险。

1985年，美国俄亥俄州立大学心理系的教授霍尔·亚科斯（Hal Arkes）和英国利物浦大学的卡特琳·布拉默（Catherine Blumer）做了一个实验：他们让被试者假设自己花了100美元买了密歇根滑雪之旅的门票，但到目的地之后，却又发现了一个仅需50美元就可以成行的威斯康星滑雪之旅项目。于是，被试者也买了威斯康星滑雪之旅的门票。

随后，研究者让被试者假定这两个旅行的时间互相冲突，而两张票都不能退或者转让。最终，被试者究竟是选择100美元那个号称"不错"的密歇根滑雪之旅,还是会选择50美元的那个号称"绝佳"的威斯康星滑雪之旅呢?

在实验中,有一半的被试者选择去参加更贵的100美元的密歇根滑雪之旅——尽管这一旅行可能不像后者一样有趣,但是,如果不去参加的话,那么损失无疑会更大。然而,这恰好就是一个谬误!因为不管你如何消费,花出去的钱都将是无法收回的。

这一实验证明了人们在沉没成本面前会做出多么盲目的选择。同时,这一实验也让我们意识到,最好的选择是将来能带给自己更好的体验,而不是一心要弥补过去的损失。

阿根廷著名高尔夫球运动员罗伯特·德·温森在面对失去时,表现得相当令人钦佩。一次,温森赢得了一场球赛,拿到奖金支票后,他正准备驱车回俱乐部。这时,一个年轻女子走到他面前,哭泣着请求他对自己的孩子伸出援助之手,因为她的孩子不幸得了重病,倘若再没钱医治,就会面临死亡。善良的温森一听,毫不犹豫地将手中的支票签上名后送给了那个年轻的女子,并衷心祝愿她的孩子早日康复。

然而,一周后,他从朋友那里获知,那个悲痛的妈妈竟然是一个骗子,也根本不存在什么孩子患了绝症的事情!温森听后,先是十分震惊,随后却变得很高兴——他是为没有孩子患上重病而高兴。事后,他淡淡地说:"这是我一周以来听到的最好的消息。"

对于温森而言,失去的金钱并不是重点,因为已经失去了,何必徒劳地难过呢?重要的是,的确没有孩子患上重病。就这样,他以博大的胸怀面对"失",以豁达的态度对待自己的沉没成本——这正是不让沉没成本加重,甚至影响当下和未来的最好的态度。

每个人都有过失去,不过,由于对失去所抱持的心态不同,会得到不同的结果。有的人总是想着自己的沉没成本,反复向他人表明自己失去的东西有多么好,有多么珍贵……有人则在失去后,不是一味地伤感、抱怨,而是主动寻找新的机会——因为他们明白失去并不代表失败,失去后还可以重新拥有。而这一点,恰好是许多成功者之所以获得成功的原因。

一艘轮船上,一个人正坐在甲板上看报纸。突然,一阵大风吹来,将这个人头上戴着的一顶崭新的帽子刮进大海中。这个人用手摸了一下头,然后看了看正在飘落的帽子,又继续淡定地看起报纸来。

旁边的一个人大惑不解地说:"先生,你的帽子被刮入大海里了!"

"知道了,谢谢。"他仍继续看报。

"可那帽子值几十美元呢。"

"没错,我正在考虑怎样省钱再去买一顶呢。帽子丢了,我很心疼,可它还能回来吗?"说完,那人又继续看起报纸来。

诚如帽子的主人所说的,失去的已经失去,何必为之大惊小怪或耿耿于怀呢?过多地为沉没成本而伤怀,无疑会给我们的心理投下更深的阴影,有时甚至因此而备受折磨。究其原因,就是没有妥善地调整心态去面对失去,没有从心理上承认失去,只沉湎于已不存在的东西中,而没有想到去创造新的东西。

须知,"旧的不去,新的不来",与其为沉没成本而懊悔终日,不如考虑如何获取足够的机会，去重新开始。

在人生旅途中，由于年龄、经历、机遇等，我们可能在自己年少的时候做了一些无可挽回的错事，走了一些难以避免的弯路，经历了一些难以承受的挫折，如果利用沉没成本的概念来认识这些事，只要我们从这些错误、弯路和挫折、打击中吸取经验教训，调整认知的方向，面对新的开始，从而使自己的路越走越宽，我们可能会赢得一种新的、更为积极的人生。

是的，我们无法改变过去，但我们可以把握现在，不念既往，不畏得失，从容地创造自己美好的未来！

## 杜嘉法则：
## "无声"的管理

杜嘉法则意为"你的下属一看你的行动，便明白你对他们的要求"。这一法则出自美国全国疾病研究中心教授L.杜嘉。其内容反映出下属的一种对上司观望的普遍心理，或者说，是一种对上司的注目和意会。它从另一个角度说明了领导者身先士卒的重要性，说明只有敢为人先的领导才能起到表率作用，才能激发下属的活力。

前日本经联会会长土光敏夫曾说："身为一名主管，要比员工付出加倍的努力和心血，以身示范，激励士气。"这位地位崇高、受人尊敬的企业家在初任东芝电器社长时，面对庞大的组织、过多的层次所造成的管理不善、官僚作风严重，以及员工士气松散、公司绩效低落的现状，提出了"一般员工要比以前多用三倍的脑，董事则要十倍，我本人则有过之而无不及"的口号，以此重塑东芝精神。

从此之后，他将自己的口头禅"以身作则最具说服力"当作行动的指南，每天提早半小时上班，并空出上午7点半到8点半的一小时，欢迎员工与他一起商讨，共同来改善公司内部存在的问题。

同时，土光敏夫为了杜绝高层铺张浪费的现象，还借由一次参观的机会，为东芝的高层们上了一课。那天，东芝的一位董事想参观一艘名叫"出光丸"的巨型油轮。由于土光敏夫已经看过九次了，所以事先说好由他带路。恰好，那天是假日，他们约好在"樱木町"车站的门口会合。土光敏夫准时到达，董事乘公司的车也随后赶到。董事一见面就说："社长先生，抱歉，让您久等了。我看，我们就搭您的车前往参观吧！"董事原以为土光敏夫也是乘公司的专车来的。结果，土光敏夫面无表情地说："我并没有坐公司的轿车，一起去搭电车吧！"

这位董事当场就愣住了，羞愧得无地自容。原来土光敏夫为了杜绝浪费，使公司管理合理化，并发扬以身示范的精神，竟然是搭电车来的。此举给那位浑浑噩噩的董事上了一课。这件事随后就传遍了整个公司，上上下下立刻心生警惕，不敢再随意浪费公司的财物和资源。由于土光敏夫以身作则，付出了点点滴滴的努力，东芝电器的经营情况逐渐好转起来。

土光敏夫的事例说明，作为领导者，想要让别人跟着你转，你就要比别人转得更快。只有敢为人先的企业领导才能最大限度地激发下属的活力；反之，凡事缩头缩尾，毫无决断，则是领导无能、怯弱的表现。所谓领导，即要率先垂范，以良好的品质、作风引领下属，否则就是徒有虚名。

不过，领导者要清楚地明了杜嘉法则的核心，还要注意正确地理解以身作则的意义。所谓以身作则，就应该把"照我说的做"改为"照我做的做",这样才能起到更好的教育激励作用。

第二次世界大战时期,美国著名将领巴顿将军在军中即以身先士卒为人称道。一次,巴顿将军带领部队正在行军,结果,由于路况不佳,汽车陷入了深深的泥沼中。巴顿将军高喊:"你们这帮家伙赶快下车,把车推出来。"于是,所有的人都下了车,按照将军的命令开始推车。

在大家的努力下,车终于被推了出来。当一个士兵正打算抹去自己身上的泥污时,却惊奇地发现,自己身边那个弄得浑身脏污的人竟然就是巴顿将军。这个士兵一直都将这件事记在心里。直到巴顿去世,在将军的葬礼上,这个士兵才对巴顿将军的遗孀说起了这件事,这个士兵最后说:"是的,夫人,我们敬佩他!"

看完这个故事,再来读一读巴顿将军的一句名言:"在战争中有这样一条真理:士兵什么也不是,将领却是一切……"我们不难发现隐藏在这句话背后的深意,那就是,士兵的状态,取决于将领的状态;将领所展示出来的形象,就是士兵学习的标杆!这个道理不光在军队中适用,在任何一个组织中都适用——凡是能够带领团队取得成功的领导者,必定是以身作则的领导者。

当然,领导者不可能尽善尽美,也不可能在一夜之间就转变自己的风格。但是,只要领导者清楚自己的定位,明确以身作则的重要性,知道表达责任感和工作热情的最令人信服的方式就是以身作则,那么,自然就可以用生动、真实的言行感染员工。明确自己想要什么样的员工,自己首先就要先成为那样的人。这就足够了。

## 德尼摩定律：
## 把合适的人放在合适的位置

德尼摩定律是英国管理学家德尼摩提出的一条管理学定律，其内容是，凡事都应有一个可安置的所在，一切都应在它该在的地方。这一定律告诉我们，对于个人而言，每个人都有其最适合的位置。只有在这个位置上，这个人才能发挥最大的潜力。

在实践中，对于个人发展而言，这一定律要求人应在多种可供选择的奋斗目标及价值观中挑选一种，然后为之而奋斗。如此方能激发这个人的热情和积极性，也才可以让一个人选择自己所爱的，同时爱自己所选择的。

已近而立之年的克里斯·加德纳一直从事着自己并不喜欢的医疗器械推销员的工作。这一工作让他厌恶透顶，每天得过且过地工作着。但是，从其内心而言，克里斯·加德纳也不甘心这样庸庸碌碌地过一生。于是，当家庭、社会等诸多压力一齐向他扑来时，克里斯·加德纳不顾妻子的反对，决定去做自己喜欢的风险颇高却也回报很高的股票行业，打算凭借自己的灵活头脑大展拳脚一番。然而，由于股市行情瞬息万变，而且投机性极高，克里斯·加德纳的经验又不足，很快，他的成功梦就遭受了沉重的打击，不但多年积累的家底被迅速耗尽，甚至连自己的房子也被银行抵押。妻子琳达更是在失望之下，甩手离去，留下五岁的儿子克里斯托弗与其艰难度日。

面对一无所有的现实，克里斯·加德纳没有失去信心，虽然他带着儿子过着颠沛流离的漂泊生活，甚至在最潦倒时，父子二人要跑到火车站的澡堂里挨过漫长的黑夜，然而，接踵而来的磨难和儿子给予的爱与鼓励，却让加德纳愈发地坚强起来，并迸发出了惊人的斗志。最终，在历经多次挫折之后，他再次拥有了属于自己的事业——一家以他的名字命名的证券公司。而他也从一个穷困潦倒、默默无闻的投资经纪人，变成了世人瞩目、备受景仰的华尔街传奇人物。

这就是电影《当幸福来敲门》的故事原型，故事的主人公就是美国著名的黑人投资家克里斯·加德纳。他那跌宕起伏的人生经历除了告诉我们风雨之后见彩虹的道理，还道出了喜欢的工作之于一个人的重要性——这也就是德尼摩定律在个人身上的体现。

同样，对于企业管理而言，这一定律要求管理者要按员工的特点和喜好来合理分配工作，如此才能人尽其才，人尽其能。比如，让成就欲较强的优秀职工单独或牵头完成具有一定风险和难度的工作，并在其完成时给予及时的肯定和赞扬；让依赖性较强的职工更多地参加到某个团体中共同工作；让权力欲较强的职工担任与之能力相适应的主管职位……

同时，管理者还要加强员工对企业目标的认同感，让员工感觉到自己所做的工作是值得的，这样才能激发员工的工作热情。

汽车大王亨利·福特被尊称为"为世界装上轮子"的人，他的成功有目共睹——"T型车"的首创成就了福特，也成就了一个伟大的企业家。不过，探究福特成功的秘诀，其中重要的一条就是唯才是举。这一管理方式，在重振福特公司的过程中，对于T型车的一炮而红发挥了重要作用。可以说，福特就是在深入理解了德尼摩定律的基础上，让那些有潜力的员工人尽其才，发挥各自独特的才能的。

作为一名广告设计师，佩尔蒂埃深谙产品营销之道，并且对于自己在这一领域有所建树充满希望。福特发现并了解了他的想法和愿意，于是让他全权负责T型车的营销策划。最终，经过一系列独树一帜的推广、尝试，佩尔蒂埃果然带领营销团队取得了非常好的成绩。

当时，福特汽车的推销工作的负责人是库兹恩斯，此人在汽车销售方面有着很强的实战经验，不过这个人虚荣、自私、暴躁，为此一直不能得到重用。福特本着不拘一格用人才的理念，对其委以重任，结果，库兹恩斯独创了一种产品推销方式，成功地接连在美国各地建立了福特汽车经销点。

还有德国人埃姆，此人不但技术精湛，而且善于用人，非常善于处理人际关系，不过同样长期得不到赏识，一副怀才不遇的样子。

福特在发现了他的能力和抱负后,同样对其委以重任,甚至对他充分地放权,让他可以自己决定用人策略,从而让更多的深具才华之人聚集到了埃姆身边,进而使这些人在公司各个领域都做出了卓越的贡献。

此外,埃姆还发明了最新式的自动专用机床,其中的自动多维钢钻可以从四个方向加工,同时在汽缸缸体上钻出45个孔,世界上其他的机床公司难以望其项背。而且,这一发明在汽车工业革命发展史上也具有重大意义。

埃姆手下的一名员工名叫摩根那,在公司担任采购员,他只要到同业竞争对手的供应场上看一遍,对于那些最新的设备中采用的新技术、设计,他就能一窥究竟,回来向埃姆描述一番后,仿制或加以改进的新机器很快便能面市了。

最终,就是依靠这些精兵强将的努力,福特公司进行了全面革新,并于1925年破纪录地达到了每10秒钟生产出一辆汽车的产能,所创造的竞争优势让同时代的汽车公司望尘莫及,也成了令后人神往的经营传奇。

第六章

链状效应：

不一样的心态，不一样的人生

## 链状效应：
## 你的心态，决定你的生活

"亲君子，远小人"，"交益友、挚友、诤友，莫交损友、佞友、酒肉朋友"，众多名言警句均强调了客观环境对于人的影响。这就是所谓的"近朱者赤，近墨者黑"的道理，而这一现象在心理学上也被称为"链状效应"，指人在成长过程中的相互影响及环境对人的影响。

环境往往能改变人，人不仅要注意选择周边环境，更要注意选择在环境中交往的人。须知，人对环境的改造相对微弱，而环境对人的影响则往往巨大而深刻。

在这种深刻影响人的环境中，人最终发展成为什么样子，却是未知的。有的人可能屈从于环境，泯然于众人，变得与周围的人一样；也有的人则坚守内心，保持自己的本真。决定这一切的主动权均在于人的自身，因为内因才是决定一切的根本。

当你没有条件选择周边的环境，无法改变周围的环境时，自己的心态才是最重要的。中世纪时，但丁能在黑暗中用《神曲》冲破神学的桎梏，就是用强大的内心战胜了周遭的环境。同样，成功学大师拿破仑·希尔讲述过的这个故事也说明了这一道理：

塞尔玛的丈夫在一个大沙漠里的陆军基地服役，她作为随军家属也去了军营。

军营的条件很差，最叫人难以忍受的便是高温，沙漠里的温度高达45摄氏度，即使在仙人掌的阴影下，也感觉不到一丝清凉。此地的居住条件也很差，只能住在小小的铁皮房子里。最可怕的是，丈夫执行任务，深入沙漠中演习去了，周围都是墨西哥人和印第安人，他们不会说英语，塞尔玛跟他们语言不通，身边连个说话的人都没有……种种困难让塞尔玛觉得痛苦异常，简直是度日如年，她恨不能马上离开这里。

烦闷不已的塞尔玛给父母写了一封信，告诉了他们军营里的种种困难，说她在这里很痛苦，实在无法忍受下去了，很想马上回家。

塞尔玛本想获得母亲的安慰，甚至对她回家的支持，但是不久后，母亲回信了，信上却只有一句话：

*两个人从监狱的窗户往外看，一个看到的是地上的泥土，另一个看到的却是天上的星星。*

刚收到这封信时，塞尔玛非常生气，认为母亲根本不理解她，也不爱她。然而，等静下心来再三读这句短短的话，塞尔玛逐渐认识到，生活中不仅仅有泥土和不堪，即便身处同样的环境，有的人抬起头来却依然可以看到璀璨的星辰。而此前之所以感觉痛苦，恰恰是因为自己总是低着头看泥土，而没能学会抬头看星星。

于是，想通了的塞尔玛决定，学着抬头寻找天上的星星，从此改变自己的生活……

塞尔玛开始学习当地语言，并试着和当地人交朋友。她逐渐发现，当地人非常淳朴、善良、友好。当他们发现塞尔玛对他们的纺织品和陶器感兴趣后，就把平日舍不得卖给观光客的纺织品和陶器都送给她。塞尔玛通过对这些物品的欣赏，逐渐对当地文化产生了浓厚的兴趣，并研究起那些引人入迷的仙人掌等各种沙漠植物。

后来，塞尔玛又惊奇地发现，沙漠里有着非常多的美景：日出、日落、海市蜃楼……她寻找到了几百万年前这沙漠还是海洋时留下来的海螺壳；她观察到了仙人掌能在五六十摄氏度的高温下茁壮成长，生存力之顽强令人震撼……

她用心地研究起周围的一切，每一天都沐浴在"春光"中，原来令她难以忍受的环境，现在变成了令她兴奋、令她流连忘返的奇景。

后来，塞尔玛回到城市之后，把自己的经历写成了一本书，叫作《快乐的城堡》，书中的核心观点就是人可以通过改变态度来改变自己的命运。这本书在美国一直十分畅销。

塞尔玛周围的环境并没有发生变化，同样的沙漠，同样的高温，同样的恶劣居住条件，同样的居民，同样的孤单寂寞，那么，是什么让塞尔玛发生了如此巨大的转变呢？是她的心态，对生活的一种热情，她的心情由郁闷、痛苦变为快乐，对周遭环境的看法也发生了变化。而重新燃起的生活热情，也让她将原本认识中的恶劣情况变成了一生之中最有意义的冒险，她为发现新世界而兴奋不已，她从自己"心造"的牢房里看出去,终于看到了满天的繁星。

"在问题面前,最大的敌人是自己"。如果塞尔玛没能调整好心态,继续把自己关在屋子里,不与外界交流,那她一定不会快乐起来,更不会有如此多的收获。最终,塞尔玛战胜了自己,没有沉湎在困境中无法自拔,而是将逆境转变为顺境。

塞尔玛可以做到,其实,每个人也都可以做到。生活本身是没有滋味的,它体现出的味道取决于生活在其中的人。心态不好、悲观失望的人,生活是苦涩的;心态良好、乐观豁达的人,生活是甜蜜快乐的。你想要什么样的生活,只取决于你自己的心态。

## 心理摆效应：
## 别让他人左右你的情绪

　　心理摆效应是指人的感情在受到外界刺激的情况下，因其强度的多样性和情感的正反性而呈现出多梯度性和两极性的特点。每一种情感都有不同的等级，也有对立的情感状态，如爱与恨、欢乐与忧愁等。在特定背景的心理活动中，感情的等级越高，呈现的"心理斜坡"就越大，也就越容易向相反的情绪状态进行转化，就像钟摆一样向两级摆动。

　　例如，此时你正兴奋无比，那相反的心理状态就会在另一时刻出现，就是我们所说的"乐极生悲"——当情绪正向摆动强烈时，心理摆向着负向的摆动力就会越大，进而对人对己会造成巨大的伤害。而这是有实验为证的。

　　美国生理学家爱尔马曾做过一个情绪状态影响人体健康的实验：他把一只只玻璃管插在正好是0℃的冰水混合物容器里，然后分别注入人们在平和、悲痛、悔恨、生气等不同情绪下呼出的水汽做对比实验。结果表明，当一个人在心平气和时呼出的水汽冷凝成水后，水是澄清透明、无杂质的；人在悲痛时呼出的水汽冷凝后，则出现了白色沉淀；人在悔恨时呼出的水汽沉淀物为乳白色；人在生气时呼出的"生气水"沉淀物则为紫色。他把"生气水"注射到大白鼠身上，几十分钟后，大白鼠就死了。由此可见情绪对人体健康的影响之大。甚至，情绪还会让人做出反常的、过激的举动。

2006年7月10日，在德国奥林匹克足球场上，法国和意大利正进行世界杯决赛。比赛进行得非常激烈，从上半场开始到加时赛的前118分钟，法国队遥遥领先，队长齐达内满意于自己对全队的把控能力，非常兴奋。眼看着法国队就要胜利了，此时，队长齐达内却突然出现了状况，面对意大利球员的挑衅，他的情绪忽然失控，随即用头狠狠顶向意大利后卫马特拉齐。这一变故令人哗然，齐达内随后被裁判红牌罚下场，失去了领头人的法国队士气登时低迷不少，最终被意大利队逆转翻盘。齐达内一次意外的情绪失控，令法国队与梦寐以求的世界杯冠军奖杯擦肩而过。

情绪的大起大落，是人之常情，可以说也是每个人都无法避免的。既然不良情绪带给人的危害这么巨大，那么，掌握一些克服心理摆效应的方法，学会缓解甚至消除其负面影响，调节、改善自己的心理状态，就是至关重要的了，尤其是当你在受到情绪困扰的时候。

传说中，在古印度有一个古老的部落，这个部落里有一个人叫山姆。山姆的一种独特的处事方式令人称奇，他每次生气，或和别人起了争论、发生纠纷时，总会马上飞快地返回家中，绕着自己的房子和土地走三圈。

这样的状况时常发生。渐渐地，山姆家的房子变得越来越大，土地也越来越多，但是他的习惯仍然保持着，哪怕累得气喘如牛，山姆依然坚持这样做。

一直到他老得白发苍苍，都快走不动路了，从年轻时就一直保持着的这个习惯也没改变。有一天早晨，山姆又不小心和别人发生争执了，他依然采取了同样的做法，拄着拐棍艰难地绕着自己的房子和土地走。老迈的他，腿脚早已经不太灵活了，等到他走完三圈，已经过了大半天了。

他的孙子看到爷爷这样做，觉得非常纳闷，就去问他："爷爷，您为什么一生气就要绕着自家的房子和土地走呢？您不累吗？"

山姆此时终于揭示了自己坚持了一生的行为背后的想法："我年轻的时候，经常会和别人发生争执，每次生气的时候，我就回家绕着房子和土地走三圈，一边走，一边想，我的房子这么小，土地这么少，哪有时间和别人生气啊？这么一想，所有的怒气和纠结就都消失了，于是我努力去把时间都用于干活。慢慢地，虽然生气的次数多，但我都用这种方法很快控制住了情绪，用于干活的时间也多起来，咱家的房子就越盖越大，土地越来越多。后来，我一直这样做，每次和别人生气的时候，还是会绕着房子和土地走三圈。不过，这时，我的想法已经变成了：'我的房子这么大，土地这么多，我又何必和别人计较一些小事呢？'这样想，心里的怒火和怨气自然就消了。"

世事纷繁，情绪多变，我们其实都很需要向山姆学习，寻找一种适合自己的缓解、化解不良情绪的方法，保持自己心灵的安宁，才能更好地面对和处理问题。更重要的是，学会和自己的坏情绪和平相处。

## 相关定律：
## 万事万物皆有关联

所谓相关定律，是指世界上的万事万物之间都有一定的联系，没有任何一件事情是完全独立、孤立存在的。不同的事物之间会相互作用、相互影响，一个问题的解决，往往会影响到周围的众多事物。这就启示我们，要想解决某个问题，不要只专注在一个难点上，可以尝试从其他相关的地方入手。

事物的相关性是普遍存在的，从哲学方面来说：第一，任何事物内在的各个部分、要素、环节是相互联系的，正如列宁所说："身体的各个部分只有在其联系中才是它们本来的那样，脱离了身体的手，只是名义上的手。"第二，任何事物都有周围的其他事物相互联系着，所有的事物都处在纵横交错的联系之中。第三，整个世界是一个相互联系的统一整体，没有一个事物是孤立存在的。

正是由于这种普遍联系的存在，使得我们在进行创造性思考时，相关性发挥着重要作用，人们的思路受到其他事物已知特性的启发，往往会联想到与自己正在思考的相似或相关的东西，从而把两者结合起来，这就是所谓的"以此释彼"。

这就启示我们，要努力培养洞察事物之间相关性的能力，抓住事物和问题的关键，寻找解决问题的突破口，然后顺着事物之间千丝万缕的联系，顺藤摸瓜，最终解决自己所面临的大问题。伽利略发现单摆的等时性，就充分运用了事物的相关性。

1564年，伽利略出生在意大利比萨城的一个没落贵族家庭，他是一个虔诚的天主教徒，每周都到教堂去做礼拜。1582年的一天，他照常去教堂，在礼拜开始之后不久，一位工人在进行修缮时，不小心碰到了教堂顶上的大吊灯，大吊灯来回摆动起来。这一幕映入了伽利略的眼帘，引起了他极大的兴趣。

伽利略聚精会神地观察起来，脑海里突然出现一个想法——他要计算一下吊灯摆动的时间。于是，他开始凭借自己学医的经验，把右手按到左手腕的脉搏上开始计时，同时数着吊灯的摆动次数。开始时，吊灯摆动的速度较快，幅度也较大，伽利略测算出了吊灯来回摆动一次的时间。过了一会儿，吊灯摆动的速度变慢了，幅度也变小了，伽利略又测算了一次。令他惊奇的是，这两次测算得出的时间竟然一致。于是，伽利略又继续测算了几次，测算结果表明，吊灯来回摆动一次需要的时间完全相同。

伽利略由此得出结论：吊灯来回摆动一次所需时间是相同的，无论摆动幅度的大小或摆动的速度如何。也就是说，吊灯的摆动具有等时性。

带着这一发现，伽利略回到家中又开始进行持续研究。他是一个十分认真又喜欢研究问题的人,从不满足于从一次实验中得到的结果。于是,他反反复复地进行实验,并通过严密的推理来探索一些客观规律。这次也不例外。

伽利略找来了丝线、细绳,大小不同的木球、铁球、石块、铜球等一大堆实验用品开始进行研究。他用细绳的一端系上小球,把另一端系在天花板上,做成一个单摆。接着,伽利略开始用这套装置测量单摆的摆动周期。

他先用铜球进行实验,然后又换成铁球和木球。结果,他发现,无论用哪种球,只要摆长不变,单摆来回摆动一次所需要的时间就相同,而且,单摆的摆动周期与摆球质量无关。

那么,单摆的摆动周期与什么有关呢?伽利略继续进行实验。他先是做了两个摆长完全相等的单摆来测量,结果发现这两个单摆的摆动周期完全相等。然后,他又做了十几个摆长不同的摆,挨个儿进行测量。结果表明,单摆的摆长越长,摆动周期也越长。

在此基础上,伽利略又通过严密的逻辑推理,推导出结论:单摆的摆动周期与摆长的平方根成正比,与重力加速度的平方根成反比。

由此,伽利略不仅发现了单摆的等时性,还发现了决定单摆周期的要素。在此基础上,他又提出了应用单摆的等时性测量时间的设想。结合他曾经学医的经验,他想到,医生看病时,经常需要测量病人脉搏跳动的快慢。当时,这往往都是靠经验来判断的,有时会出现较大的误差。那么,能否利用单摆计时来进行测量呢?

很快,伽利略就动手制作了一个标准长度的单摆,用以测量脉搏的跳动时间。使用这个装置来测量脉搏要比原来的方法准确多了。很快,这种装置就在医学界流行开来,这就是世界上最早的"脉搏仪"。

伽利略的一系列发现,正是由于他找到了事物之间的相互联系,并有效运用这种联系来解决实际问题。不止科学研究如此,任何创意和创新,都建立在对万事万物的观察和把握之上。一个人假如十分擅长观察,擅长由此及彼、由表及里地发现事物之间的联系,那么,也必然会以更加有效的方法解决生活中面对的种种问题。

## 皮尔斯定理：
## 知道的前提，是意识到无知

美国贝尔电话电报公司实验室著名科学家、"卫星通信之父"约翰·皮尔斯提出，人贵有自知之明，要能看到自己的不足，然后才能弥补自己的不足，只有意识到自己的无知，才能有所进步。这就是著名的皮尔斯定理。

苏格拉底曾经说过："我唯一知道的事情，就是我自己什么也不知道！""我比别人知道得多的，不过是知道自己的无知。"这恰恰道出了皮尔斯定理的内容。正是因为有着这种谦虚学习的心态，苏格拉底才能发展出自己的哲学思想，泽被后人。

一个人只有先认识到自己的无知，才能激发起虚心学习的动力，进而挖掘潜能，逐渐达成目标，迈向成功——因为意识到无知，便是有知的开始。

在美国人心中，林肯是一位极有威望的总统，他的文辞优美、幽默、平易近人。然而，林肯却经常因为丑陋的样貌被政敌嘲笑。有一天，一位政敌遇见他，骂道："你长得太丑陋了，简直让人不堪入目。"林肯笑着回答说:"先生,你应该为我的丑而感到荣幸,因为你将因为骂一位伟人而被人们认识。"

林肯的幽默由此可见一斑。我们都知道,林肯的父亲是一个目不识丁的木匠,母亲是一个平庸的家庭主妇,那么,林肯卓越的文字天赋是怎么来的呢?或许,你会觉得林肯受到过良好的教育和训练。实际上却不然,林肯所受的教育是"极不完全的",他在学校只待过一年时间。这一点,林肯在被选为国会议员后,曾经当众承认过。

那么,林肯超凡的政治才华来自哪里呢?来自肯塔基州森林地带的数位巡游的村儒学究、伊利诺伊州第八司法区等地的许多人……林肯曾经多次和众多的农夫、商人、律师、讼棍商讨国家大事、世界大事,从他们身上学习到了许多知识和道理。林肯认为,"每个人都可能做他的教师"。

林肯之所以有这样的认知和行动,是因为他正确认识到了自己的不足,明白自己所受的教育极为不够,于是就利用一切时机,向每个可能弥补自己不足的人学习,学习到别人的长处,继而博采众长,成为一个通才。

"认识你自己",这句话被刻在古希腊圣城——德尔斐神殿之上,千古流传。这是神对人的要求,要求人应该知道自己的限度。

有人曾经问过世界上最早的哲人泰勒斯一个问题:"什么是最困难之事?"泰勒斯的回答是:"认识你自己。"接着,那人又问:"什么是最容易之事?"泰勒斯的回答是:"给别人提建议。"

这一问一答揭示出,世界上有自知之明的人很少,而好为人师者却比比皆是。

有这样一种认知，真实的自己其实要比镜子里的难看。这可谓发人深省，对于容易被辨别的外表，在镜子这种真实、客观的工具的辅助下，人们仍然会出现误判。由此可见，对于一个人的性格、品质等内在特点，人们判断和认识的难度要远远高于外貌，也难怪会有"知人知面不知心"这类的说法。

所以，要想正确地认识自己，必须客观地、全面地认识和评价自己的优势和劣势，认识到自己与众不同的潜力，同时也要了解自己的不足，才能有针对性地挖掘自我潜能，进而发展自我、超越自我。

正确地认识自己，需要客观、正确地评价自己，不过高或过低估计自己的才貌、学识、在别人心目中的地位等。有些人会在走上坡路的时候，认为凭借自己的能力，想要的东西都能够唾手可得，将运气和机遇也当成自己的能力，往往容易得意忘形；而有些人在处于生活或事业的低谷时，会怀疑自己、贬低自己，将困难和挫折当成自己的无能，往往容易一蹶不振。这样不能正确认识自己的人，都不是一个理智的人。不能正确认识自己，很容易会影响自己的身心健康，影响自己的现在和未来。

另一方面，只有正确地认识自己，才能不断调整自己、充实自己，并不断地完善自己，根据自身需要和社会需求调整自己的行为。认识是不断发展的，今天的自己和昨天的自己，可能会有很大的不同。

所以，一个成熟的、理性的人必须要能以发展的眼光认识自己，不断总结自己的不足，总结自己针对此项不足进行了哪些努力，取得了哪些成效，应该进行哪些改变。面对充满变化的世界，只有不断学习，将无知变为有知，才能持续性地提升自己、发展自己。

## 杜利奥定理：
## 驾驭生命，还是被命运驾驭

美国自然科学家、作家杜利奥提出了一个观点：没有什么比失去热忱更让人觉得灰心泄气的了。如果一个人精神状态不佳，那么，一切都将处于不佳状态。这就是杜利奥定理。

有时，人和人之间所面临的条件差不多，只不过在心态上有很小的差异——一个积极，一个消极，就会造成巨大的差异——一个成功，一个失败。要想不断走向成功，首要的一点就是要有热情、积极、百折不挠的心态。而一个人如果能永远保持积极的心态，乐观勇敢地面对人生，勇于接受各种挑战，那他必然会拥有一个与众不同的人生。

作家拉尔夫·爱默生说："一个人如果缺乏热情，那是不可能有所建树的。热情像糨糊一样，可让你在艰难困苦的场合里紧紧地粘在这里，让你坚持到底。它是在别人说你'不行'时，发自内心地喊出——'我行'。"

麦当劳的创始人雷蒙·克罗克的经历有力地证明了这一点。

克罗克的前半生，可以说一直在与机遇擦肩而过，他所面临的都是不顺和挫折。

克罗克出生时，就错过了一个能够发财的时代——轰轰烈烈的西部淘金运动结束了。1931年，当他准备上大学时，又爆发了席卷全美的经济大萧条，他不得不辍学，转而从事房地产销售。在房地产生意刚刚有起色之时，第二次世界大战爆发了，人们纷纷从城市中逃离，房地产行业也因此落入低谷，房价急转直下，克罗克又是"竹篮打水一场空"。

在这之后的很长时间，克罗克一直到处求职。他曾做过急救车司机、钢琴演奏员和搅拌器推销员，但是都非常不顺。他曾经失败多次，也差点儿破产。然而，克罗克并没有被种种磨难击倒，他仍然热情不减，毫不气馁。

1955年，克罗克闯荡了大半辈子，却毫无所获，两手空空地回到了老家，卖掉了家里仅有的一份小产业，开始做生意。经过一段时间的观察，他发现迪克·麦当劳和迈克·麦当劳兄弟俩开办的汽车餐厅生意做得十分红火，经过与麦当劳兄弟的深度沟通，克罗克觉得这一行业大有前景——这是一个足以改变美国传统餐饮业的崭新的商业模式。

此时，克罗克已经52岁了，但他仍然有着充足的干劲。他心中燃起了一个梦想，要将麦当劳开到美国每一个州，让麦当劳那个金黄色的"M"形拱门标志出现在美国的每一个城市。

他决心从头做起，到这家汽车餐厅打工，学习做汉堡包。

之后，克罗克成功说服了麦当劳兄弟，申请成为麦当劳特许经营的代理商，获得了除加州和亚利桑那州外全国其他地区的经营权。到1960年时，经过克罗克的苦心经营，麦当劳已经在全美国拥有了228家餐馆，营业额达到3780万美元。但他与麦当劳兄弟的经营理念出现了很大的分歧，难以继续合作下去。此时，克罗克抓住机遇，毫不犹豫地借债270万美元买下了整个麦当劳餐厅。

此后，经过几十年苦心经营，麦当劳已经成为全球最大的以汉堡包为主食的快餐公司，在全世界拥有7万多家连锁分店，并成了一个商业神话。

说到自己的成功经验时，克罗克着重提到了一点，那就是："我学会了如何不被难题压垮，我不愿意同时为两件事情操心，也不让某个难题——不管多么重要——影响到我的睡眠。因为，我很清楚，如果我不这样做，就无法保持敏捷的思维和清醒的头脑以对付第二天早晨的顾客。"

保持饱满的热情，不被任何困难压倒，才有了享誉世界的"汉堡包王"。

拿破仑·希尔说，一个人能否成功，关键在于他的心态。成功人士与失败人士的最大差别，就在于成功人士有积极的心态和高昂的热情。

热情，并不是盲目的乐观，而是一种对待生活的态度，是一种来自心底的积极信念。生活中处处有磨难，关键在于你用怎样的心态去面对。积极的心态让你充满热情，充满力量，乐此不疲地去创造财富和事业，去获得成功和幸福；而消极的心态则让你情绪低落，对生命中有意义的东西熟视无睹，感觉生活乏味，对将来感到失望，最终与成功的机遇失之交臂。

"要么你去驾驭生命，要么就是生命驾驭你。你的心态决定谁是坐骑，谁是骑师。"命运是掌握在自己手上、自己心中的。心态决定思想，思想决定行为，行为决定习惯，习惯决定性格，性格决定命运。拥有良好的心态，永远保持热情，你就有可能开创属于自己的一片天空！

# 第七章

# 期望定律:
# 贴什么样的标签,就会造就什么样的人

## 期望定律：
## 希望的神奇力量

美国著名的心理学家罗森塔尔在1966年设计了一系列实验，希望证明实验者的偏见会影响研究结果。其中有一项研究是，罗森塔尔要求老师们对他们所教学生进行智力测验。

他告诉老师，班级里有些学生会大器晚成，并把这些学生的名字告诉了老师，说这些学生的成绩有望得到改善。事实上，这所谓的学生名单只是罗森塔尔随机挑选出来的，他们与班上的其他学生并没有什么明显的不同。

但是，经过一学期的学习，到了期末时，再次对这些学生进行测验，却发现了令人称奇的结果，这些学生的成绩明显要优于第一次测验的结果。罗森塔尔认为，其中的原因是老师们相信了这些学生会大器晚成，于是在教学过程中给予了这些学生特别的照顾和关怀，从而使他们的成绩得以改善。这就是有名的"期望定律"。

换句话说，所谓期望定律，就是指当我们对某件事情有非常强烈的期望时，所期望的结果就会出现。简单来说，它可以理解为

"说你行，你就行，不行也行；说你不行，你就不行，行也不行"。

关于这一定律，有一个美丽的神话传说。

塞浦路斯国王皮格马利翁不喜欢凡间的女子，决定永不结婚。他用高超的雕刻技艺雕琢了一座美丽的象牙少女像，在长期的雕刻过程中，皮格马利翁把全部的精力、热情和爱恋都赋予了这座他起名为加拉泰亚的雕像。他像对待自己的妻子一样抚爱她，装扮她，向神乞求让她成为自己的妻子。最终，爱神被他打动，赐予了雕像生命，并让他们结为夫妻。

故事虽然虚无缥缈，但是传达出的思想内涵却是现实存在的。因此，期望定律启示我们，赞美和期待具有强大而超乎想象的能量，能够改变一个人的思想和行为，激发人的潜能。一个人得到别人的肯定和赞赏后，会获得一种积极向上的动力，为了不让对方失望，会更加努力地发挥自己的优势，尽力达成对方的期望；相反，如果一个人得到的只是别人的否定，就只会自暴自弃，向消极的一面发展。

美国著名的人际关系学大师戴尔·卡耐基，在幼年时也曾因为他人的肯定而脱胎换骨。

在卡耐基很小的时候，他的母亲就去世了。卡耐基9岁时，父亲再婚了。在继母刚进家门的那天，父亲就这样向她介绍卡耐基："以后你要记得提防他，他可是全镇上公认的最坏的孩子，说不定什么时候你就会被这个坏孩子害得头疼不已。"

卡耐基心中本来就对继母充满抵触，听到父亲这样说，更觉得恼火不已，心里更是讨厌起继母来。他本以为继母会顺着父亲说的，远离他，结果继母的行为出乎他的意料。继母微笑着走到卡耐基面前，轻轻抚摸着他的头，责怪丈夫道："你怎么能这么说呢？你看看，这么可爱的孩子怎么会是全镇上最坏的孩子呢？他应该是全镇上最聪明、最快乐的孩子才对。"

卡耐基被继母的话深深感动了，此前，从来没有人这样夸过他，即便是母亲在世的时候。就从这句话开始，卡耐基和继母建立了良好的友谊。这句话也激励他不断向着梦想努力，并促使他在日后创造了"成功的28项黄金法则"，帮助成千上万的普通人走上了成功之路。

卡耐基后来说过一句话："当我们想改变别人的时候，为什么不用赞美代替责备呢？纵然下属只有一点点进步，我们也应该赞美他，只有这样才能激励他不断地提高自己、完善自己。"这正是从他自己的成长经历中得来的体会。

著名心理学家威廉·詹姆斯曾经说过："人性最深切的渴望就是获得他人的赞赏，这是人类有别于动物的地方。"

是的，华盛顿总统喜欢别人热情地称呼他为"美国总统阁下"，莎士比亚千方百计想为家族赢得一枚荣誉勋章；雨果希望有一天巴黎能够改名叫雨果市……无论是名流贵胄，还是普通路人，人人都希望能得到他人的尊重和赞美，这是人性中最深刻的渴求。每个人只要能被热情地期待和肯定，都可能达成所愿。

实际上，期望定律展现出的是一种心灵的力量，一种信念。当你对别人有所期待时，就请直接地给予鼓励吧，他（她）很可能成为你所期望的那种人。同样，当你感觉自己没信心时，也给自己一些肯定和期待吧，这能够带给你信心和勇气，让你朝着目标不断前进，最终取得连自己都惊叹不已的进步。

美国一家报纸刊登了一则关于园艺所重金征求纯白金盏花的启事。高额的资金让许多人趋之若鹜。然而，事实很残酷——在千姿百态的自然界中，金盏花除了金色的就是棕色的，唯独没有纯白的。很快，那些为了高额赏金热血沸腾过一阵子的人就将那则启事抛到九霄云外去了。没想到，20年后，那家园艺所竟意外地收到了一封热情的应征信和一粒纯白金盏花的种子。寄种子的是一位年已古稀的老人。

这位老人是一个地地道道的爱花人。她于20年前偶然看到了那则启事时就怦然心动。从此，她开始了培植纯白金盏花的艰苦历程。她先撒下了一些最普通的金盏花种子，精心待弄。一年后，她从盛开的花朵中挑选了一朵颜色最淡的，任其自然枯萎，最终收获种子。第二年，她将这颗种子种了下去。接着，她再从长出的花中选出颜色更淡的花的种子栽种……如此周而复始，年复一年，最终，老人终于培育出了颜色如银如雪的白色金盏花。

是什么让一个老人攻克了一个连专家都解决不了的问题？这并非奇迹，而是源自一份期待，一份美好的冀望，一份对培育出希望之花的坚持。而这也正是期望定律的本质。

## 卡瑞尔公式：
## 接受最坏的，追求最好的

卡瑞尔公式，又被称为万灵公式，意思是，只有强迫自己面对最坏的情况，有了心理打算，才能让自己集中精力来解决问题。这一公式是威利·卡瑞尔源于自己的亲身经历提出的。

卡瑞尔年轻时曾在纽约的水牛钢铁公司担任工程师，有一次，他去密苏里州安装一架瓦斯清洁机。几经努力，机器才安装好，勉强能使用，但却离公司所保证的质量差得很远。卡瑞尔对自己的失败十分懊恼，他思考着该怎么改进，直到很晚也无法入睡。后来，卡瑞尔意识到，满心的懊恼、烦闷并不能解决问题。他于是给自己做出了以下的心理建设：

首先，设想可能会发生的最坏情况——最坏不过是自己丢掉差事，而老板把整个机器拆掉，损失之前生产机器时投入的20000美元成本。

其次，让自己能接受这一最坏情况——卡瑞尔给自己打气："没关系，如果我因此丢掉差事，那就重新找一份工作好了；而老板也知道这次使用的是一种全新的方法，是一项试验，他完全可以把20000美元算到研究费用里面，也不算损失。"

再次，有了之前的心理准备后，他开始平心静气地尝试解决问题。他经过几次试验，最终发现，如果再花5000美元加装一些设备，问题就能妥善地解决了。最后公司采纳了他的意见，不但没有损失之前投入的20000美元，还很快地达成了目标，改进了机器。

这就是卡瑞尔公式，如果你有了烦恼，也可以按照这三步流程去做：问你自己，可能发生的最坏情况是什么；接受这个最坏的情况；镇定地想办法改善最坏的情况。这样做，你会发现，结果常常出人意料，问题通常可以得到解决。

在美国，曾流传过一个家喻户晓的征兵广告。这则广告内容风趣幽默，又极富智慧。其内容如下：

来当兵吧！当兵其实并不可怕。应征入伍后，你无非有两种可能：有战争或没战争，没战争有啥可怕的？

战争爆发后又有两种可能：上前线或者不上前线，不上前线有啥可怕的？

上前线又有两种可能：受伤或者不受伤，不受伤有啥可怕的？

受伤后又有两种可能：轻伤或重伤，轻伤有啥可怕的？

重伤后又有两种可能：可治好和治不好，可治好有啥可怕的？治不好更不可怕，因为你已经死了。

这则广告发布之后，收到了十分明显的效果，它一举改变了死气沉沉的征兵局面，众多青年踊跃应征入伍。这份别出心裁的征兵广告就出自一位著名心理学家之手，这其中就运用到了卡瑞尔公式。

有一位媒体记者问这位心理学家，这份广告为什么能深入人心呢？心理学家解释说："在这则广告的广告词中，卡瑞尔公式发挥了重要作用——当人们做好了最坏的思想准备之后，就能够比较妥当地应对和改善可能发生的情况了，这样一来，反而有利于用积极的态度促使事情向好的方面转化。只有无畏地面对最坏的结果，才能有效地改变最坏的结果。"

为了更好地让人理解，心理学家讲述了下面一个故事：

二战期间，一艘日本潜艇在海滩上意外搁浅，很快就被美军侦察机发现了。潜艇上的官兵看到美军的侦察机，就知道自己恐怕在劫难逃了。也许几分钟之后，就会有飞机来轰炸，到时候，潜艇和人都会被炸得粉身碎骨。

官兵们都惊慌失措起来，根本想不出什么脱险的方法，绝望的气氛弥漫开来。此时，艇长也毫无办法，但他却有超强的心理素质，他没有慌乱，而是努力进行思考：潜艇暴露在美军侦察机面前，官兵们肯定恐惧不已，这难以避免，但是，人在恐惧之中往往想不出什么好的办法。必须要先消除恐惧，才有可能想出脱险的办法。

于是，艇长稳定了一下情绪，大声喊着，让大家静静，但是没有效果。见此，艇长神态自若地掏出香烟，四平八稳地坐下来吸起了烟。见到艇长这样，官兵们想，艇长在这万分危急的情况下还能不紧不慢地抽烟，肯定已经想出克敌的高招了，于是很快都镇静下来。

此时，艇长号召大家开动脑筋来想一想脱险的办法。很快，镇静下来的官兵们就想出了办法。在艇长的组织下，全艇官兵步伐整齐，一会儿从右舷跑到左舷，一会儿再从左舷跑到右舷，就这样循环往复。很快，搁浅的潜艇就左右摆动起来，并逐渐向深水处移动。最终，在美军的轰炸机来临之际，潜艇潜进了深海，逃脱了被炸沉的危险。

　　人处于危险边缘，只要冷静下来，保持理性的思维，往往能爆发出惊人的智慧。我们面对事情时，要能够有将自己置身于悬崖边上的破釜沉舟的精神，做出最坏的打算，从而才能更有效地解决问题，走出困境。

## 改宗效应：
## 倾听反对者的声音

改宗效应是美国社会心理学家哈罗德·西格尔提出的，他认为，当一个问题对某人十分重要时，如果他能使一个反对者改变意见，变得赞同自己，那他宁愿要那个反对者，而不要一个赞同者。这是因为，在某人想尽办法让反对者改变观点的过程中，通过和反对者辩论、博弈，交流，会让人们觉得自己是有能力的，并产生极大的成就感。

有反对，有争议，有异见，才会有思想的碰撞、创意的迸发、意见的交融，一个人、一个团体也才能有所进益。这一效应对于我们有着很深刻的启发。在日常生活中，我们常能见到一些"好好先生"，这些人往往被人忽视，或被人看不起，就是因为他们无法带给别人挑战，也无法激起别人的成就感；而那些敢于坚持自己的想法的人，往往会受到人们的尊重和重视。

"我们总是喜欢历尽艰辛的征战，却鄙视不战而胜的果实。"这句话启示我们，要能做一个明智的、有智慧的反对者，真正有理有节地反对；同时也要能善于倾听别人的反对意见。

世界知名的IBM公司的开拓者小托马斯·沃森的与众不同的用人理念——"用人才，不用奴才"，就有效地运用了这一理论。

1956年，老托马斯·沃森去世，小托马斯·沃森接替父亲，成为IBM的掌舵者，在他执掌IBM的时间里，充分重视经营发展，使得IBM保持迅猛的发展势头，1965年时成功跻身全美十大企业，并成为世界上最大的计算机公司，至今依然是计算机市场的霸主。

小沃森非常崇敬和钦佩那些真正有本事的人。在很小的时候，小沃森就认识公司里的一位经理雷德·拉莫特，这个人非常有能力，他几乎认识公司上下所有的人，对人也总能保持不偏不倚的看法。即使是面对老沃森，雷德·拉莫特也敢于毫无顾忌地说出自己的心里话，而面对小沃森，更是经常提出严厉的忠告。小沃森坦言，这位经理对他有非常大的帮助，否则，他会犯更多错误。正是由于小沃森非常钦佩并有意效仿那些正直而有才能的人，他才一步一步走向成熟，最终成了一名优秀的领导者。

小沃森在回忆录中写道："我经常毫不犹豫地提拔那些我不喜欢的人。而那些讨人喜欢的助手、经常与我一起外出钓鱼的好友，则是我不会重用的人。我总是在寻找那些精明强干、爱挑毛病、言辞锋利的人，他们才能让我发现更多问题。把这些人安排在我周围工作，耐心听取他们的意见，那么，我所能取得的成就将是无限的。"

IBM有位部门经理叫伯肯斯托克，他的好友是IBM公司原来的二把手柯克。柯克是小沃森的对头，在柯克去世后，伯肯斯托克认为小沃森肯定容不下他,一定会针对他。于是,伯肯斯托克打定了辞职的主意,而且经常故意去找小沃森的茬儿。出乎意料的是,小沃森并没有生气,他认为伯肯斯托克是个难得的人才,精明强干,只不过性格桀骜不驯而已。为了公司考虑,小沃森尽力挽留下了伯肯斯托克。后来,也正是由于他们两人携手努力,才使IBM在面临经营危机时免于灭顶之灾,并走向更大的成功。

小沃森后来回忆说:"在柯克死后,尽力挽留住伯肯斯托克,是我人生中所采取的最出色的行动之一。"

在小沃森之后接替他担任董事会主席的文·利尔森也是一个他非常看重的人。当他正准备提升文·利尔森时,却收到了一封信。写信人说,他向利尔森租了一栋房子,两人在修复破裂的水管等东西的费用上发生了矛盾,利尔森要起诉他。小沃森当即去找利尔森谈话,帮助两人调解这个矛盾。第二年,利尔森受命主持一个大区的推销工作,成绩显著,不负小沃森的提拔。最终,小沃森又提名他接任IBM的董事会主席。

小沃森一生都非常尊重那些有真才实学的人,并敢于放手任用那些提反对意见的人,也会关心爱护那些有才华却也有缺点的人。正是这样不拘一格任用人才的开放策略,IBM公司人才济济,数十年来始终能屹立于潮流之巅,也在业界备受好评。

相对地,小沃森非常不喜欢他父亲老沃森周围那种趋炎附势、逢迎拍马的气氛。他从当推销员的时候,就注意身边谁对父亲的话惟命是从,谁乐于逢迎、谄媚上司。对于这些人,他一有机会就整治一下，而且毫不手软。

他曾直截了当地说："如果一个人都不愿意理直气壮地捍卫自己的权利和利益，那我也不愿意和他一起共事，他不可能留在我的公司里。"

这是小沃森一向坚持的原则，他讨厌惟命是从、充满奴性的人，他认为这种人缺乏独立的人格和自我尊严，要么是毫无才能，要么就是别有用心，最起码，不是一个正直的人，他从不屑与这种人为伍。

## 恶魔效应：
## 全面而准确地认识他人

恶魔效应是指对一个人或事物的某一特征有不好的印象，就会推及其他，对这个人或事物的整体评价都很低。这一效应是由菲利普·金巴杜在《恶魔效应：由善及恶之全解》一书中提出的。从心理学的角度来看，这是一种极端的、片面的、偏执的人格表现。

恶魔效应与光环效应是相对的。所谓光环效应，是指看到一个人的好处或优点，就会认为这个人的全部都是好的；看到一个人的某一决定是正确的，就往往坚信他的其余决定也是正确的，也就是爱屋及乌。

当我们将两种心理效应放在一起看时，就可以获得人际交往和管理学等领域的重要启示。它告诉我们，要真实、全面地评价他人，要学会包容他人，不因为他人的一点错处就否认那个人的全部。

1861年，美国总统林肯宣布废除黑人奴隶制度，从而导致了南北战争爆发。在战争刚开始时，尽管在林肯总统领导下的北方拥有民心，但是，在军事方面却接连失利——南方维护奴隶制度的叛军取得了一场又一场的胜利,甚至都快打到首都华盛顿了。

南方军队的胜利,源于当时匆促成立的南方联邦会用人,善用人,以罗伯特·李将军为总司令。而罗伯特·李将军任命的一些将领虽然身上不乏大大小小的缺点,但是每一个又都各有所长。李将军善用他们的长处,让他们每个人的才能都得到了充分的发挥。

而北方政府在用人上则一再失误。林肯总统最初任用的几名将领,都是没有重大缺点的将领,结果他们都被李将军手下拥有"一技之长"的将领打败了,北方军甚至前后换了三次总司令都无法扭转战局,美利坚合众国面临重大危机。

当时,有人开玩笑说,"南方的一群有缺点的将军打败了北方的一群没有缺点的将军"。

面对岌岌可危的局面,林肯总统痛定思痛,思虑再三。最终,他于1864年4月大胆启用了有着明显缺点的"酒鬼将军"尤里西斯·辛普森·格兰特,任命他为北方军总司令。

面对这一任命,很多人表示反对,说格兰特有很多方面都不好,尤其是酗酒贪杯,难以担当大任。但林肯总统却看到了格兰特将军的所长——他善于把握战争全局,作战指挥坚决而果断,强调不惜代价主动进攻,消灭敌人的有生力量。林肯总统认为,这样一位统帅将能够扭转北方军当前面临的困局。

格兰特将军不负所望,在上任之后,仅用了一年时间,就攻占了叛军首都里士满,打败了曾经战无不胜的南方军总司令李将军,并于之后的阿波麦托克斯战役中迫使李将军投降,平定了南方叛乱，赢得了南北战争的胜利。他本人也因此获得了"无敌尤利西斯"的称号。在1869年，格兰特将军还因为崇高的威望，登上了总统宝座。

在一般人的认识里，好酒贪杯的格兰特将军是不适合当总司令的，因为很多时候喝酒会误事。但事情都有两面性，既要辩证地看，也要抓重点来看。对于一个将军来说，最首要的要求是带领士兵打胜仗，一个不能打胜仗的将军，即使他再守纪律，也不是个好将军。因为，作为一名军人，能打胜仗这一点是胜过其他一切的。

林肯总统正是因为认识到了这一点，才大胆地启用了格兰特将军——这正是林肯总统的用人之道，他在识别任用人才时，坚持发现人才的长处与认识人才的短处相结合的原则，全面、公正地认识人才，并有效地发挥了人才所长。

林肯总统敢于任用有重大缺点的格兰特将军，最终打赢了南北战争，这一案例被管理学大师彼得·德鲁克收入《卓有成效的管理者》一书中，备受推崇。

德鲁克分析说，用人应该用其所长，而不要总盯着缺点不放。因此，在选拔人才时最忌讳的就是苛求完美。由此，他总结出了那些卓有成效的管理者用人方面的四大原则：

不要将职位设计成只有上帝才能胜任那般严苛。

职位的要求要严格，涵盖要广，但不要太具体。

要先考虑所用之人能做什么，而不是职位要求是什么。

用人所长，也要能容人所短。

可以说，无论是在工作中还是在生活中，这四大原则对我们无疑具有普遍的指导意义。

## 麦穗理论：
## 不求最好，只求最适合

有一次，希腊大哲学家苏格拉底的三个弟子来请教老师，怎样才能找到理想的伴侣。听完弟子们的问题，苏格拉底带着他们来到麦田边，要求他们每人到麦田里摘一支自己认为最大的麦穗，并且提出了一个要求：只能摘一支，并且不能走回头路。

三个弟子展现了三种不同的态度：

第一个弟子走了没几步，就急不可待地摘了一支自认为最大的，结果却发现，前面还有更多更大的麦穗。

第二个弟子一直东看西看，左比较右比较，一直走到终点，才发现，自己已经错过了前面最大的麦穗。

第三个弟子更精明一些，把麦田的长度分成三份，走到第一段时，只看不摘，给麦穗划分出大小标准；走到第二段时，验证前面的标准；走到最后一段时，摘了其中最大的一支麦穗。

这三个弟子中，谁选择到了最大的麦穗呢？其实，最大或最小并没有太大的关系，只要自己满意就好。第一个弟子下手太早，自认为选择了最大的，沾沾自喜，却在看到后续的麦穗更饱满、漂亮之后后悔了，但悔之晚矣；第二个弟子顾虑太多，挑来拣去，总觉得最大的麦穗会在后面，始终没有勇气下手去摘，等到了尽头才发现没有机会了，只能随便摘一支；第三个弟子分门别类地层层筛选，看似会选择到最大的，但是不要忘记，生活很多时候并不会给予你太多考虑和选择的时间。

所以，不要试图去选出整块麦田中最饱满的那支麦穗，因为那太难实现了。最佳的选择是只要选择视线可及的范围内自己最满意的那一支就好。

这一故事应用到实际生活中，就是"不求最好的，但求最合适的"，这其实就是麦穗理论。

正如麦穗理论中所讲的，无论是在生活中，还是在工作中，任何一个问题从来都没有最优解，而只有最满意解，甚至是只有相对满意解。我们不可能任何事情都寻求最好结果，只要最适合就好。关于此点，可以从爱因斯坦放弃总统职位的故事中获得深刻的启发。

1952年11月9日，爱因斯坦的老朋友，以色列首任总统魏茨曼逝世。在此之前的一天，爱因斯坦就收到以色列总理本·古里安寄来的一封信，信中言辞恳切地对他提出邀请，邀请他出任以色列共和国总统。

当天晚上，媒体记者听闻消息后，便纷纷打电话给爱因斯坦进行核实："教授先生，听说以色列共和国邀请您出任总统，您会接受吗？"爱因斯坦坚决地说："不会接受，我当不了总统。"

刚放下电话，以色列驻华盛顿大使又打来了，他问道："教授先生，我是奉以色列共和国总理本·古里安阁下的指示，想问您一下，如果提名您当总统候选人，您愿意接受吗？"爱因斯坦依然拒绝："大使先生，关于自然，我了解一点，关于人，我几乎一点也不了解。我这样的人，怎么能担任总统呢？"

大使接着劝说道："教授先生，已故总统魏茨曼也曾经是一名教授，您肯定也能胜任的。"爱因斯坦显然很了解自己的这位总统朋友，他说："哦，不一样，魏茨曼和我是不一样的。他能胜任，而我不能。"

后来，爱因斯坦又在报纸上发表声明，正式谢绝出任以色列总统。他说："我的一生都在同客观世界打交道，因而缺乏天生的才智，又缺乏处理行政事务的经验和公正地对待他人的美德。所以，我不适合这个职位……方程对我更重要些，因为政治是为当前，而方程却是一种永恒的东西。"

爱因斯坦是犹太人，能够当上世界上唯一以犹太人为主体的国家的总统，是一件多么荣幸的事啊！但是，爱因斯坦却出乎意料地拒绝了这一邀请，放弃出任以色列总统。这件事上，爱因斯坦选择了最合适自己的道路。

事实证明，他的选择是正确的，他始终专注于科学研究，致力于实现自己的人生价值：1999年，爱因斯坦被美国《时代周刊》评选为"世纪伟人"。2009年10月4日，诺贝尔基金会评选"1921年物理学奖得主"爱因斯坦为诺贝尔奖百余年历史上最受尊崇的3位获奖者之一。其他两位分别是1964年和平奖得主马丁·路德·金，以及1979年和平奖得主德兰修女。

　　试想一下，如果爱因斯坦选择了去当以色列总统，以他并不擅长的政治手段，想来不会在政界有太高的成就，世界上也会因此少了一位伟大的科学家。

　　麦穗理论启示我们，要能认识到什么才是最适合自己的，要能善于发展自己的长处，在面临选择时，结合自己的优势，选择最适合自己的选项，才能更好地发挥自己独特的价值。

# 第八章

## 多米诺骨牌效应：
## 失败或成功都是连锁发生的

## 多米诺骨牌效应：
## 牵一发而动全身的连锁反应

多米诺骨牌效应源于神奇的多米诺骨牌游戏：将骨牌按照一定的间距排列成行，只要用手轻轻碰倒最前面的第一枚骨牌，后面其他的骨牌就会产生连锁反应，依次倒下。

这个游戏告诉我们，在一个相互联系的系统中，一个很小的初始力量能引起的或许只是难以察觉的渐变，但却会由此产生一系列的连锁反应，最终带来翻天覆地的变化。第一根头发的掉落，在马匹身上放第一根稻草，都是无足轻重的变化，但是日积月累，一直持续下去，最后就会导致头发掉光，马匹不堪重负而倒下。在影响世界历史的经济大萧条背后，就有着多米诺骨牌效应的影子。

第一次世界大战后不久，美国经济逐渐繁荣起来，创造了世界经济史上的奇迹，人们的价值观念在这一时期也发生了巨大的变化，人人都梦想着发财致富，投机活动风行，享乐主义大行其道，社会风气浮躁、奢靡。

然而，这一繁荣造就的黄金时期并不是完美的，它本身就潜伏着深刻的矛盾和危机。农业没能从战后的萧条中恢复过来，农民始终徘徊在贫困线上，购买力严重不足，大批农场主也纷纷破产；工业增长不均衡，一些新兴的工业部门兴盛，而采矿、造船等老工业则不见增长，甚至纺织、皮革行业还出现了减产；兼并现象越来越严重，社会财富逐渐集中到少数人的手中。

由于社会财富的大量集中，导致社会整体购买力严重不足，经济运行过程中，商品增加和资本输出困难，进一步引发了生产和资本过剩。虽然金融巨头们通过投机获得了高额利润，但是，他们赚取的大部分资金并没能投入再生产部门，而是投向了有更高回报的证券市场。于是，股票市场出现了欣欣向荣的景象，道·琼斯指数从1921年的75点升到1929年顶峰时的363点，平均年增长率高达21.8%，堪称"恐怖的"增长速度。

1929年9月26日，为保护英镑在国际汇兑中的地位，限制黄金外流，英格兰银行宣布，将贴现率和银行利率提高6.5%；9月30日，伦敦的投资者从纽约撤资数亿美元，开始诱发美国股市大幅下跌。

1929年10月24日，美国华尔街迎来"黑色星期四"，股市突然暴跌，从顶峰跌入深渊，价格下跌之快连股票行情自动显示器都跟不上。众多财团和美国总统纷纷为救市而各出奇招，但却毫无用处，股民纷纷开始抛售手中持有的股票。28日，股市再次暴跌。

1929年10月29日，这天是个星期二，纽约股市暴跌达到极点，因此，也有人用"黑色星期二"来称呼这次事件。此后的一个星期，整个股市竟然失去了高达100亿美元的财富，到11月13日，损失攀升到300亿美元。然而，美国股票市场的崩溃并不是结束，而是一场灾难深重的经济危机爆发的火山口，也是被市场推倒的第一块多米诺骨牌。

随着股票市场的崩溃，美国经济陷入了全面的毁灭性灾难中，可怕的连锁反应在各个行业发生：疯狂挤兑、银行倒闭、工厂关门、工人失业、贫困来临，国民经济的每个部门都损失惨重。在3年时间里，有5000家银行倒闭，至少130000家企业倒闭，汽车工业下降了95%。到1933年时，工业总产量和国民收入暴跌了近一半，商品批发价格下跌了近三分之一，商品贸易下降了三分之二以上；失业人口占到了全国劳工总数的四分之一。

更可怕的是，这场罕见的经济危机很快就从美国蔓延到了其他工业国家，造成了大多数资本主义国家持续4年的大萧条，无数人辗转、挣扎在破产和饥饿的边缘。

鉴于这次经济大萧条在世界范围内造成了极大的影响。美国的金融公司开始大量收回在国外的短期贷款，1931年5月，维也纳最大、最有声誉的奥地利信贷银行宣布它已无清偿能力，消息一出就在欧洲大陆上引起了恐慌，紧接着，德国的很多银行也陆续宣布了类似的消息。1931年9月，英国放弃了金本位制。两年后，美国和其他几乎所有的大国也都纷纷放弃了金本位制。

经济大萧条也产生了深刻的政治影响。在美国，发生了赞成专家治国的反资本主义运动、静坐罢工的农场假日运动等，促进了罗斯福新政的出现及实施。在英国，工党自1929年6月开始执政，向越来越多的失业者发放救济金,终于导致财政匮乏。终于,1931年8月,首相麦克唐纳宣布解散他所领导的工党政府。在德国,由于希特勒解决了人们的失业问题,开始有越来越多的德国人拥护他、跟随他,却没想到,他最终将德国带上了法西斯军国主义的侵略之路。紧接着,一个又一个的危机终于导致了第二次世界大战的发生。

牵一发而动全身,有了开头的一件事情,经过中间一系列的演变,将事件一步一步地推入不可收拾的境地,多米诺骨牌效应的这一启示同时也在积极影响力方面发挥着作用:做好一件恰当的事情,其产生的能量,足以推动更多好事情的出现,这便是所谓的正能量。

## 赫勒尔法则：
## 没有监督，就没有动力

赫勒尔法则是由英国管理学家H.赫勒提出的，主要内容是，"没有有效的督促，就没有工作的动力"，也即当人们知道自己的工作表现有人监督的时候，会加倍努力地工作。

在现代企业经营中，企业不仅要能够建立科学有效的激励机制，还必须有对应的科学的监督机制。激励机制能够帮助员工有效加强工作热情，但只有激励是不够的，必须要进行有效监督，才能让员工"动"起来。这种监督+激励的方式，就是管理者手中最有效的指挥棒，它能有效地引导员工更努力地投入工作中。

人都是有惰性的，管理的本义就是要督促人对抗自身的惰性，同时激发更大的工作热情。一方面，上级经常往下看，会给基层员工一种监督的压力，促使他们努力工作；另一方面，人都有被尊重的需要，尤其是来自上级的肯定，当你能满足这种需要时，员工就更愿意为你去做事。

那些世界知名的大公司，都各有其与众不同的员工激励制度。

例如，著名的连锁快餐企业麦当劳便实行"走动式管理"，让管理者们不再如以往一般躺在舒适的靠椅上对下属的工作指手画脚，把太多宝贵的时间耗费在抽烟和聊天上，而是走下去，在公司内走动，和员工接触，对员工的工作进行监督，同时也适时地进行激励。管理者只有走下去，才能知道谁在干活，谁在偷懒，对公司的员工有更直观的认识，同时，当管理者向员工请教、咨询问题的时候，员工会感觉受到尊敬和重视，会很骄傲地进行描述，显示自己的技艺，更增加了工作热情。

为了更好地监督员工的工作，同样身为快餐业巨头的肯德基施行了一种神秘顾客访问法（MMP）。

一次，上海肯德基有限公司收到3份总公司寄来的文件，对外滩快餐厅的工作质量分3次鉴定评分，分别为83分、85分、88分。上海分公司的负责人诧异万分，这3个分数是怎么评定出来的？这就不得不说肯德基在遍布全球60多个国家和地区，超过9900多家门店中使用的有效监督方法——神秘顾客访问法了。

这一方法是指安排隐藏身份的研究人员，以普通消费者的身份，到企业所属的各个门店去体验特定服务，或者消费特定商品，通过实地观察了解产品的受欢迎程度、门店经营状况、服务和管理方面是否存在问题等，以此来测试整个公司的服务水平和销售状况等。

作为一个全球化的跨国公司，肯德基将神秘顾客访问法作为一种绩效考评工具，并不是从创立之初就有的，而是随着企业不断发展，门店不断增多，在日益激烈的市场竞争下产生的。

为此，肯德基会从社会上招募一些整体素质比较高，但是与肯德基没有任何工作关系的人员，通过一定的培训和介绍，让他们了解肯德基在产品质量、服务态度、卫生清洁等各方面的标准，进而监督各个门店的具体执行情况。

之所以称之为神秘顾客，是因为餐厅员工根本不知道此人会是谁，什么时候来，什么时候走。所以，神秘顾客完全以一个普通顾客的身份光临门店，从普通顾客的角度认真考查餐厅环境是否清洁，食物质量是否达标，人员服务是否标准，设备运行是否正常。他们会在考查之后，填写一份"champs检测"报告，24小时内，餐厅会收到这份报告，报告同时还会分发给总公司、分公司、区域经理、区经理。如果报告上的分数未能达到及格线，此门店就必须及时进行整改。

"champs检测"与餐厅所有人的切身利益密切相关，首先是与绩效相关，例如，值班经理如果当月的"champs检测"报告没有达标，当月绩效就会不及格，而当月绩效会影响年绩效，年绩效会影响薪资，两次年绩效不合格就会被辞退。再比如，服务员如果被神秘顾客扣分，就会被要求重新培训；如果多次被扣分，就会被调离岗位，直至被辞退。同样，如果每次评分都高，绩效表现自然优秀，薪资自然也就比别人高。

正因为这一监督制度，肯德基旗下的餐厅工作人员才不敢掉以轻心，不敢有所懈怠，在不知道神秘顾客是谁，且神秘顾客随时随地会出现的情况下，就必然每时每刻都要绷紧神经，对所有的顾客都一视同仁，认真负责，热情招待，时间一长，自然就养成自觉执行标准的习惯了。肯德基的标准化服务由此得以更好地推行。

高尔基曾说："哪怕是对自己的一点小小的克制，也会使人变得强而有力。"这句话从未过时，有效的监督的确能够促使人们产生克制自己的心理动因，工作心态也会变得越来越主动，使得自己的发展与企业发展相得益彰，实现双赢的结果。

# 刺猬法则：
# 保持距离，才更有美感

一个寒冷的冬天，两只刺猬在寒风中瑟瑟发抖，为了取暖，它们依偎在了一起。但是，紧挨在一起时，浑身的刺却让它们非但无法取暖，反而会刺痛对方。两只刺猬只得又分开来，可是，天气实在太冷了，它们不得已又挨在了一起。

前后折腾了好几次，它们终于找到了一个比较合适的距离，既能够相互取暖，又不会扎到对方。这一现象被称为刺猬法则，强调的是人际交往中的"心理距离效应"。

为了验证这一效应，有人做过一个实验：在一个早晨刚开门的阅览室中，仅有一位读者，心理学家进去坐到他（她）旁边，来测试他（她）的反应。这个实验一共测试了80个人，所有人的反应都揭示了一点：他们无法接受一个陌生人紧挨着自己坐下。面对进来的心理学家，有的人快速默默地走到别的地方坐下，有的人干脆直接问道："你想干什么？"

由此可见，人和人之间需要保持一定的空间距离，让自己身边有一个属于自我的私密空间,当这个空间被他人触犯时,人就会觉得不舒服、不安全,甚至恼怒起来。因而,人和人交往时,要能保持适当的距离,太近或太远都可能会让对方觉得不适。正所谓:"亲密并非无间,美好需要距离。"

距离产生美。聪明的人,会把握距离,让它成为一道美丽的风景线。法国前总统戴高乐就是一个善于运用刺猬法则,把握人际交往关系的人。

戴高乐有一句座右铭:"保持一定的距离!"这句座右铭在他处理与顾问、参谋和智囊团的关系时,得到了充分的体现。

他在任法国总统的十多年时间里,秘书处、办公厅和私人参谋部等顾问和智囊机构的工作人员,没有人能工作超过两年。其实,这是戴高乐用人时的一个不成文的规定。就像他对每一任新上任的办公厅主任说的:"我只会用你两年,正如人们不能以参谋部的工作作为自己的职业,你也不能以办公厅主任作为自己的职业。"

戴高乐之所以会做出这一规定,一是他受军队做法的影响,军队是不断流动的,没有始终固定在一个地方的军队,固定是不正常的,调动才是正常的;二是他不想让这些人变成他"离不开的人"。

他认为,只有经常调动,才能保持一定的距离,保证顾问和参谋们的思维具有新鲜感,充满朝气。如此一来,自己的身边就不会存在那种自己永远离不开的人。此举既能杜绝年深日久形成的人情关系及官僚作风,同时还能阻止顾问和参谋们利用总统和政府的名义徇私舞弊。

这一做法是令人深思和敬佩的。作为一个领导者，如果和下属没有距离感，过分依赖秘书或某几个人，就容易使身边的人有机会干政，假借领导名义，为自己谋私利，甚至把上司也拉下水。这一潜在的后果其实史不绝书，在现实生活中也不少见。

19世纪著名的黑格尔派美学家费歇尔在《美学》中说道："我们只有隔着一定的距离才能看到美，距离本身能美化一切。"的确，人与人之间保持一定的距离是很有必要的。在亲人之间，保持适度的距离是尊重；在爱人之间，保持适度的距离是美丽；在朋友之间，保持适度的距离是爱护；在同事之间，保持适度的距离是友好；在陌生人之间，保持适度的距离是礼貌。保持适度的距离不代表不与人交心，而是彼此尊重，给对方留下一小片隐秘的空间，给自己留一点缓和的余地。

在管理学上，领导与员工保持一定的距离，是管理的一种最佳状态，既不会让领导高高在上，又不会让领导与员工相互混淆身份，导致命令不能很好地执行。

通用电气公司前总裁斯通就是一个在工作中身体力行刺猬理论的领导者。在工作时间，斯通毫不吝啬自己对基层员工和管理者的关爱，尤其是中高层管理者。面对下属，他会毫不藏私地引导、帮助他们更好地解决问题。但是，在工作时间以外，他却从不接受基层员工和管理者的邀请，不去参加他们的聚会，也从不邀请他们到自己家里做客。

这种管理方式使得他与员工保持了一个适度的距离，形成了和谐而友好的工作关系，使得通用电气能够卓有成效地开展各项业务。这种适度的距离既约束了领导者，也约束了员工，堪称成功管理者的必备原则。

## 多看效应：
## 要想别人记住你，就在人前多露脸

你有没有这样的感觉：当你处在一群陌生人中间时，那个经常出现在你眼前的人会给你留下深刻的印象，慢慢地，你的目光总会被他（她）吸引，觉得他（她）比别人更让你喜欢。

这就是心理学上所说的多看效应，也被称为曝光效应、简单暴露效应等，是一种对越熟悉的东西越喜欢的现象。

多看效应源自20世纪60年代心理学家查荣茨做过的一次实验：他让参加实验的人观看一些陌生人的照片。这些照片中，有的人出现了二十几次，有的人出现了十几次，而有的人只出现了一两次。最后，他让看照片的人评价自己喜欢的照片。结果证明，看到某张照片的次数越多，人们就越喜欢这张照片。他们更喜欢那些看过二十几次、十几次的照片，而不是仅看过一两次的。显然，多看增加了喜欢的程度。

与此类似的还有另一个实验：心理学家在一所大学的女生宿舍楼里，随机选了几个寝室，发给其中的女生不同口味的饮料，要求她们以品尝饮料为理由，在这几个寝室之间互相走动，但却不允许说话。一段时间过后，心理学家针对她们之间熟悉和喜欢的程度进行了测试，结果发现，见面次数越多，相互喜欢的程度越大；反之，见面次数越少，相互喜欢的程度就越低。

多看效应不仅出现在心理学实验中，在日常生活中也经常能看到这种现象。例如，明星总是为了赢得人气而想方设法地增加曝光率，密集的曝光就会产生多看效应，让更多人关注他们，喜欢他们，从而让明星们进一步提高知名度。

此外，我们在各类电影、电视剧中经常见到的植入广告，也很好地利用了多看效应。

所谓植入广告，是指把产品和服务具有代表性的视听品牌符号融入影视或舞台作品中，给观众留下相当深刻的印象，继而潜移默化地达到营销目的。由于观众天生对硬性广告有抵触心理，而这种植入广告则在不经意间将商品融入娱乐中，效果要好得多。

一则好的植入广告也并非那么轻易就能获得观众的认可，而是必须经过广告人富于创意的思考，且不破坏剧情和美感。这就要求所宣传的商品一是要少而精，二是要与场景匹配。进而在一片陌生的场景中打出大众熟悉的产品符号，并让观众不经意中有一种发现彩蛋的感觉。也只有好的植入广告，才能最大限度地发挥多看效应的作用，让观众更乐于接受，达到广而告之的目的。

电影《史密斯夫妇》中就有这样的经典植入广告。

这部由万人迷布拉德皮特与安吉丽娜·朱莉主演的动作片中，

有一个镜头是很多人都无法忘记的：皮特用火箭筒炸毁了朱莉所在的棚子。万幸的是，打开电脑，却发现里面的东西都还在——这就是一个精彩的植入广告，通过这一幕，人们记住了这个连火箭筒的威力都经得住的电脑品牌——Panasonic（松下）。

在这部电影中，松下电脑的广告植入并不突兀，其宣传点和剧情有很大的契合。由于这是一部动作电影，其中充斥着飙车、爆炸、枪战，以及用电脑做高科技破解、跟踪等场面，这些场景的出现，就要求有一部坚固耐用、抗震防摔、防尘防水的随身笔记本电脑，而松下笔记本电脑的理念与此相合，并不是简单地摆摆样子。而在现实中，欧美地区的警察、救援、军事等经常需要户外工作的部门50%以上都配备了松下的坚固型笔记本电脑。"坚固"这一概念的有效传达，让人们有了非常深刻的印象，而松下电脑俨然成了户外便携式电脑的代名词。

在人与人的交往中，也是同样的道理。一个人如果太过自我封闭，一面对他人就逃避和退缩，就会给人留下难以亲近的印象，不会让人太过喜欢。时间一长，就容易形成恶性循环，越封闭越不惹人喜欢，越不惹人喜欢就越封闭，甚至引发各种心理问题。

当然，要想多看效应发挥作用，前提是你给别人的第一印象不能太差，否则的话，反而会起到反作用——见面的次数越多，你越惹人讨厌。此时，还是先想办法扭转这种不好的印象，再来运用多看效应吧。如果第一印象还不错，那么，要想有更好的进展，多出现在他人面前，就是一个简单、有效的好办法。

## 艾奇布恩定理：
## 做聪明的管理者

艾奇布恩定理的主要内容是，如果一个管理者遇见某位员工却不认得，或是忘了对方的名字，那么，就说明其经营的公司太大了。这一定理的提出者是英国史蒂芬·约瑟剧院的导演亚伦·艾奇布恩。

艾奇布恩定理提醒我们：一味地求大、求全并非全是好事。须知，摊子一旦铺得过大，就很难把它照顾周全。

不论是以前还是现在，有相当多的企业一旦稍有实力，就想扩大经营，将摊子铺得很大，认为扩大规模可以在一定程度上节约成本，优化资源配置，让企业的长期费用得以下降。但却忽略了规模的盲目扩张同样面临风险——这一风险就是艾奇布恩定理背后的"规模不经济"思想。这是因为，当规模扩大后，公司的生产成本也在扩大。比如，必然会增加人力成本、销售成本以及原材料的成本、信息传递费用等。这些看似不起眼的费用却无形中让企业走向了"规模不经济"。

最重要的是，一旦过度扩张，企业规模的扩大会让管理者的管理成本增加，倘若管理者的管理能力不强，忽视一些看上去相当微小的细节，出现了太多管理上的空洞，就会让企业处于潜在的危机中。因为领导眼里看不见下属，下属眼里就看不见工作和责任。

第二次世界大战后，由于美国方面施压，日本传统的财阀、财团都被迫解体或缩小规模并改名，甚至具有悠久历史和良好信誉的三菱银行也不得不更名为千代田银行。因为名字听起来相当陌生，银行的生意也就相当冷清。

业务部的道天晋因为银行规模缩小、客户越来越少而苦闷不堪，整日苦思如何才能吸引顾客来存款。终于有一天，他想出了"一元钱款"的办法。在相当多的人眼里，一元钱在战后日本人的眼里面额真是太小了。但道天晋想到的是积少成多的道理。于是，他在根本没有人来存款的情况下，向街上往来的人群发出了关于一元钱存款的宣传海报：

用手掬一捧水，水会从手指间流走。很想存一些钱，但是，在目前这种糊口都难的日子里，是做梦也不敢想的。

先生们、女士们，如果您有这种想法的话，那么，请您持一本存款簿吧，它就像是一个水桶，有了它，从手指间流走的零钱就会一滴一滴、一点一点地存起来，您就会在不知不觉间积攒一笔可观的大钱了。

我们千代田银行是一块钱也可以存的。有了一本千代田的存款簿，您的胸中就会因充满希望而满足，您的心就能在天空中飘然翱翔。

这张海报一经贴出，就引发了巨大的社会反响。要知道，一元钱实在少得可怜，更遑论去银行开户。因此，即使有些人愿意把自己积攒的零钱存到银行里，一直以来也没有银行愿意受理。千代田银行的这则广告一发，就迅速吸引了相当多的人来存款，尤其是家庭主妇，银行也因此度过了最艰难的起步期。

一元钱固然微不足道，但是，若是将无数一元钱汇集起来，就足以形成一笔巨款。它可以对一个人、一个企业产生不可估量的影响。这种不计眼前的得失而放眼于将来的做法是一种大智慧。这就提醒企业经营者，不要将目光一味地放在大而全上，不要忽视那些细节，只要运作恰当，小亦可成大。它也提醒我们每个人，不要忽视当下获得的小，不要在意获得与付出不成正比，以弱胜强，以小博大，靠的都是这种长远的坚持与眼光。

十多年前，脸谱公司（Facebook）还是一个名不见经传的小公司。有一次，公司打算在总部的办公室创作一些喷漆壁画。为了节约成本，相关人员找到了一位名不见经传的涂鸦画家。这位画家在洛杉矶偶尔为人创作喷漆壁画度日，所得报酬虽然不多，但尚可维持生活。

因为是一件"大活"，这位画家连忙动身前往位于加州的脸谱公司总部接受创作任务。最后，当他辛辛苦苦地将总部每一个办公室的墙壁上都画好了喷漆壁画后，得到了公司总裁的认可。活完成了，在交工收钱时，这家公司却突发奇想，要求以与工钱相当的该公司的原始股票付费。原本，这位画家发现这是一家刚成立不到一年的小公司，深为自己的工钱担忧。但他又想到，虽然现在这家公司又小又穷，但不代表将来不会发展、壮大。自己权当赌一把吧。于是，他用自己应得的工钱买下了这家公司数千美元的原始股。

没想到，时光荏苒，这件事一转眼就过去了七年。七年后的一天，这位画家获悉，美国最大的社交网站脸谱公司即将申请上市，其市值有望达到一千亿美元！以此计算，势必造就一大批千万甚至亿万富豪，成为继谷歌之后最牛的"造富"公司。而持有脸谱公司原始股的人，皆能以公司"顾问员工"身份成为千万或亿万富翁。

这时，他这才想起，自己当年用工钱买下的正是时任公司总裁西恩·帕克推销给他的脸谱原始股。结果，一个彼时无心插柳的小画家，因为手持当初一家小公司的几千美元股票，一夜之间变成了一名亿万富翁，甚至因此被称为世界上"酬金最高"的在世艺术家。

在这个世界上，积少成多成就一番事业的，不仅仅是公司，同样也包括个人。重要的是你是否具备积少成多的韧性，是否能不在意眼前的小，进而成就将来的大，是否能于细小处发现机会，用心去发展和经营。无论企业规模多小，倘若管理者能不以事小而不为，怀着长远的眼光和魄力积累自己的实力，小企业同样可以创下巨额利润，获得巨大的收获。

# 第九章

# 权威效应：
# 以理性的态度面对世界

# 权威效应：
# 打破盲从的幻象

所谓权威，在《现代汉语词典》中，解释是"使人信从的力量和威望"，或者是"在某种范围里最有地位的人或事物"。

权威效应，又被称为权威暗示效应，即一个人如果有很高的社会地位和威信，处处受人敬重，那他说的话和做的事情就比较容易引起他人的重视，并让他们相信，也就是所谓的"人微言轻，人贵言重"。

美国一位心理学家曾经做过一个实验，从实验中分析得出的两种心理，恰恰是权威效应的最佳注解。在一次大学心理学系的课堂上，教师向学生介绍了一位从德国来的著名化学家。这位化学家煞有介事地拿出一个装有液体的瓶子（其实装的是蒸馏水），介绍说这是他新发现的一种化学物质，有些微的气味。然后，他请学生们挨个去闻这瓶液体，然后统计闻到气味的人数。结果，多数学生都认为这瓶液体有味道。

本来毫无气味的蒸馏水，由于"权威专家"的暗示和引导，大多数学生都认为它有味道。这其中，一是因为人们认为权威人物的思想、行为和语言总是正确的，服从他们会让自己有安全感，增加不会出错的保险系数；二是因为人们认为权威人物的要求经常与社会规范一致，按照其要求做，更容易得到社会的认可和赞许。

有权威暗示效应，就有过度迷信这一效应而产生的轻信、盲从现象。盲从就会出现反效果，使人难以有自己的思考和进步。权威指向的方向，对个人来讲，却并不一定是对的方向，一个人假如能有自己的主见，对人对事有自己的评判标准，兼听却不盲从，就不会成为乌合之众中的一员。

一个理性的人，必然是一个善于思考、有着探索精神的人。著名科学家惠更斯就是这样的一个人，他因为不盲从、迷信权威，最终在物理学领域取得了世人瞩目的成绩。

克里斯蒂安·惠更斯是17世纪荷兰著名的物理学家、天文学家和数学家，他一生致力于科学研究，在力学、光学、数学和天文学等自然科学的众多领域都有突出的贡献，是近代自然科学史上一位重要的开拓者。

惠更斯从小就潜心研究学问，早在13岁时就自己制作出了一台车床，16岁时就进入大学学习法律和数学，以优异的成绩获得博士学位，并结识了大科学家牛顿，还于1663年成为英国皇家学会的第一个外国学员。

惠更斯的最杰出的成就，在于首创了光的波动学说。

对于光，世人皆能认识到其重要性，如果没有光，世界将成为一片黑暗。然而，光到底是什么呢？关于这一点，物理学界有不同的看法，有人认为，从探照灯的光柱、平面镜的反射等例子，能推测出光就像高压水枪里喷射出的水柱，是由一个一个光微粒组成的。而另外一派认为，从石头扔进水中激起的水波中推测出，光是空间存在的"以太"的波动。

当时正是17世纪下半叶，闻名世界的科学权威毫无疑问是牛顿，而牛顿支持光的微粒说，认为光是一种微粒流，并用它来解释光的直线传播、镜面反射、界面折射等现象。牛顿的声望极高，在他的影响下，物理学界大多数人都支持微粒说。但是，惠更斯并不在其列。他对此有着不同的看法，认为微粒说不能解释光学上更为复杂的绕射、干涉等现象，由此主张光是以太波。

1678年，惠更斯在法国科学院的一次演讲中公开驳斥了以牛顿为代表的光的微粒说。随后，惠更斯很明显地成了不支持权威的少数派，而被众人孤立起来。但他没有气馁，更没有改变自己的思想，而是更积极地从事这方面的研究，并在巴黎发起了一场关于光的本性问题的讨论，这一讨论极大地推动了近代光学事业的发展。

1690年，惠更斯出版了《光论》一书，正式提出光波理论。他认为，从波源发射出的子波中的每一点都可以作为子波的波源，每个子波波源波面的包络面就是下一个新的波面。在此基础上，他发现了光的衍射、折射定律和反射定律，解释了光在光密介质中传播速度减小的原因，画出了光进入冰洲石（是一种无色透明纯净的方解石，由于具有特殊的物理性能，被称为特种非金属矿物，主要用于制造高精度光学仪器，也被广泛用于无线电电子学、天体物理学等高新技术领域）所产生的双折射现象图像，使人们对光的理解摆脱了只在视觉上的认识，推进了光学研究的发展。

屠格涅夫曾说："先相信你自己，然后别人才会相信你。"是的，一个人可以尊重权威，但绝对不能迷信权威，唯有始终保持清醒的头脑，勇于思考，敢于质疑，才能成为真正心智健全、不盲从轻信、具有独立人格的人。

## 情感宣泄定律：
## 优秀的人从来不会输给情绪

心理学上所谓的情感宣泄定律，是指要给情感一个宣泄的窗口。人的情感也遵循"能量守恒定律"，人并不能无休止地容纳所有情绪，压抑所有情感，当长期压抑，情感得不到宣泄时，精神就容易崩溃。因而，人不能强行堵住自己的情感发泄渠道，而要能善于疏导，如此才能将不良情绪释放出来，不至于最后积累成心理问题。

人们压抑、忽视自己的情绪，很容易损害自己的心理健康，正如弗洛伊德及其后继者所研究发现的——"压抑"与"不幸福"之间存在着密切关联。著名心理学家荣格也通过研究证实了，人们会因为可以隐瞒、压制或否认自己的情绪而伤害到自尊心。

人生活在社会中，总会遇到各种各样的事情，难免会有不如意，由此就会产生一些不良情绪。这些不良情绪像洪水一般，如果不能及时宣泄出去，就如同被堵在水库里，不断涨高，给我们的"心理堤坝"造成巨大的压力。

或许有人十分能"忍"——忍耐、压抑一切不良情绪。但要知道，被人所刻意压抑、克制的不良情绪，其实只是从"显意识层"转移到了"潜意识层"，其本身并没有消失，仍然存在于你的深层心理中，会在无意识中对你产生影响——对心理健康产生不良影响。

所以，一旦有消极情绪产生，最终还是必须找机会真正地发泄出去。郁结在心的情绪如果不能很好地被宣泄、疏通出去，一味采取堵的方法，不良情绪的"洪水"水位就会不断升高，堵塞只能是一时的，到了某个临界点，必然会造成心理堤坝"决堤"，出现更严重的问题。

那么，在心理上筑高堤坝可行吗？当然也不行。这样做的话，必然会让人在心灵深处与外界日益隔绝，导致忧郁、孤独、苦闷、心态扭曲等不良后果。随着累积的不良情绪越来越多，达到一定程度，也同样会冲破心理堤坝，甚至导致精神失常。

此外，由于我们的情绪与思想、生理等有相互作用关系，压抑情绪必然会影响到心智和身体机能。医学界也普遍认可精神与身体是相互关联的。纽约大学医学院的约翰·萨诺博士认为："诸如背痛、手腕综合征、头痛等，通常都是患者压制自己的害怕、愤怒、自私、苛刻以及一些对社会不满的情绪体验而产生的。"

当人们硬将这些情绪压制下去，不愿去感知、体验它们时，它们就会潜伏在潜意识里，逐渐引发各种身体上的反应。对此，约翰·萨诺博士给他数以千计的病人开出了这样的处方：承认自己的负面情绪，接纳自己的焦虑、愤怒、恐惧、嫉妒或疑虑。对于大多数这样的病人，只要能够有效地认识到他们的真实情感，负面情绪就能得到缓解，身体的疼痛也会消失。

法国著名作家、《小王子》的作者圣·埃克苏佩里曾说："当我们允许自己去感觉，不再抵抗自己的情绪，向内心所有的感觉，包括伤痛的感觉说'是'的时候，我们便释放了自己，不再那么痛苦了。"

对于这样的不良情绪，最好的办法莫过于疏导。霍桑工厂的"谈话试验"就是一个很好的例子。

霍桑工厂地处美国芝加哥市郊外，是一家制造电话交换机的工厂。这家工厂给予工人的薪资待遇和其他方面的福利待遇相当不错，但是，工人们却总是愤愤不平，工厂的整体生产效率也非常低。

这一现象引起了人们的关注。美国国家研究委员会组织了一个由心理学家等多方面专家参与的研究小组，深入这家工厂，对工人的生产效率与工作条件之间的关系进行了研究，希望探求其中的原因，并解决这一问题。

研究小组进行了一系列的试验研究，其中有一项叫作谈话试验。在长达两年的时间里，心理专家们分别找工人个别谈话的次数竟达两万多次。在谈话过程中，专家没有对受访者给予任何反驳和训斥，而是耐心地听取工人们对于工厂管理的意见和抱怨，让工人们将自己的负面情绪统统宣泄出来。

对于这么做的原因，心理学家们解释到，他们认为，工人长期以来对工厂的各项管理制度有着众多不满，但是无处发泄。久而久之，这些消极情绪郁积在心中，就会表现为对工作毫无热情，敷衍了事，甚至厌烦不满，进而导致生产效率低下。

通过一次次的谈话,工人们将这些不满统统发泄了出来。这些看似无关紧要的谈话其实起到了疏导情绪的作用,让工人们渐渐抛开了心灵上的沉重负担,由此变得心情舒畅,干劲倍增。事实也证明,心理学家们所进行的这次谈话试验,使得工厂的工作效率有了极大的提高,工人们的工作心态与之前相比可谓天渊之别。

情绪需要宣泄,但也要注意宣泄方式的合理性。这就如同我们用高压锅做饭,要慢慢地将多余的气放掉,同时也要保证把饭做好。如果快速地把气泄掉,锅里的米饭就会变成夹生饭。

情绪的宣泄应该是渐进的、温和的,例如,听音乐,做运动,写日记,自言自语,大哭一场,养鱼种花……如果负面情绪实在积累得太多、太久,甚至造成了心理或精神问题,那么,不妨找心理医生进行专业疏导,以免酿成心病。

# 权变理论：
## 看问题不止一种角度

　　权变理论，又被称为应变理论、权变管理理论、领导权变理论，是20世纪60年代末70年代初在经验主义学派基础上进一步发展起来的一种管理理论。"权变"，意为"随具体情境而变"或"依具体情况而定"。权变理论认为，世界上没有一成不变的管理模式，每个组织的内在要素和外在环境、条件都各不相同，因而，在管理活动中不存在适用于任何情景的原则和方法。成功管理的关键，在于对组织内外状况的充分了解和有效的应变策略。

　　权变理论最初是由著名的管理大师费德勒在《领导效能论》和《领导效能新论》这两本书中提出来的。后来，经过其他管理学学者、专家们在实践中的不断完善，最终成为比较系统的全面领导理论模型。

　　权变理论的兴起有着深刻的历史背景，20世纪70年代的美国，经济动荡不定，政局变换频仍，又面临愈发错综复杂的石油危机，社会空前不安，致使企业所处的环境非常不稳定。但是，之前的管理理论大多追求普遍适用的、最合理的模式与原则，这些理论在企业面临瞬息万变的外部环境时却显得无能为力——正是这一些时代变化促进了权变理论的出现。

权变理论认为，管理与其说是一门理论，不如说是一门实操性很强的技术，是一门善变的艺术。一个高明的领导必须要根据环境的不同及时改变自己的领导方式，不断调整自己，不失时机地适应外界的变化。一个不知权变的领导，有时会带来难以想象的失败。

保罗是一所名牌大学会计专业毕业的高材生，他应聘到一家大型的会计师事务所工作。不久，公司执行委员会就发现了他的领导潜能和进取心，于是将他派到纽约郊区开办一个新的办事处。保罗也确实很有能力，很快就将办事处发展得蒸蒸日上。到1988年时，办事处的专业人员达到了30名。保罗由此被高层认为是一名优秀的领导者和管理人员。

1989年初，保罗被提升为达拉斯的经营合伙人。为了更好地取得成效，保罗采取了和在纽约时相同的管理方式——这一富有进取心的管理方式帮助他在纽约快速打开了局面，他也期盼着能在达拉斯一举获得成功。

保罗很快更换了达拉斯原有的几乎全部的25名专业人员，并制订了短期和长期客户开发计划。为了确保有足够数量的员工来处理预期中会扩展的业务，达拉斯办事处增加了相当数量的工作人员，专业人员达到了40名之多。

然而，事实证明，保罗复制了在纽约时的管理方式，却没能复制在纽约时的成功——同样的管理方式在达拉斯办事处并没能取得很好的成效。一年之内,办事处就失去了最好的两个客户。保罗认为,这是因为办事处的工作人员太多了,于是,他解雇了前一年刚刚招进来的12名员工,以此来减少开支。

出现这一问题之后,保罗并没有过多地思考。他坚信,挫折只是暂时的,他的策略最终还是有效的。于是,在随后的几个月时间里,保罗又雇了6名工作人员,以适应预期中必然增加的工作量。但情况并未好转,预期中的新业务并没有到来。无奈之下,保罗只能再次精简员工队伍,解雇了13名专业人员。

伴随着这两次裁员,达拉斯办事处人心惶惶,留下来的员工也感觉到工作缺少保障,对于保罗的领导能力也出现了质疑。

公司执行委员会了解到这一问题后,经过思考,将保罗调到了新泽西的一个办事处。在那里,他的领导方式显示出了很好的效果。

为什么保罗的领导方式在纽约和新泽西取得了成功,而在达拉斯却没能成功呢?这其中就有权变效应的影响。随着领导者和工作环境的变化,即使是相同的管理方式,也会因时因地产生不同的效果。在纽约和新泽西,社会环境、市场状况、员工状态等,都适合采用保罗的领导方式;而在达拉斯,社会、政治、经济、技术、文化等方面的情况与纽约和新泽西都有所不同,就致使保罗的管理方式不再适用。而他几次更换工作人员的行为也欠妥当,使得员工队伍不稳定,更难以聚集人心,达成工作目标。

相应地,公司执行委员会在了解到保罗在达拉斯的失败之后,最终将他调动到更适宜他发挥的新泽西,并在那里取得了良好的成效。这也恰恰体现了领导权变效应的作用——将人才放在一个他更适应的地方,才能最大限度地发挥其所长。

# 前景理论：
# 先人一步的决断力

2002年，诺贝尔经济学奖出现了令人称奇的一幕——瑞典皇家科学院诺贝尔奖评审委员会竟然将奖项颁发给了心理学家卡尼曼，称他"将来自心理研究领域的综合洞察力应用在了经济学当中，尤其是在不确定情况下的人为判断和决策方面做出了突出贡献"，这段颁奖词所指的就是卡尼曼提出的前景理论。

前景理论是心理学及行为金融学的重要研究成果，实际上，这一理论是由卡尼曼和阿莫斯·特沃斯基在期望值理论的基础上结合心理学研究而提出的，是一种关于风险决策的理论。

这一理论认为，人的决策过程分为两个阶段，第一个阶段是随机事件的发生和人们对事件结果、相关信息的收集、整理；第二个阶段是指评估和决策。人们在第一阶段时，由于对数据和信息的整合方法、简化方法不同，从而会得到不同的认知，进而会导致人们对同一个问题的最后决策不一致。

在通过大量的实验和效用函数的研究之后，前景理论认为：人们不仅看重财富的绝对量，更看重财富的变化量；人们在获得某种利益时，往往会变得小心翼翼，更倾向于不冒风险，而在面对损失时，更倾向于去冒险；人们对获得和损失的敏感程度不同，而对损失要更为敏感；前期决策的结果会影响后期的风险态度和决策——前期盈利会使人的风险偏好程度增强，前期损失会使人的风险厌恶程度提高。

基于这一理论的影响，我们会发现，很多人往往在机会来临时，瞻前顾后，犹豫不决，结果错失良机。一个领导者要想成大事，必须要能在关键时刻敢于拍板拿主意，表现出非凡的决断能力，在瞬息万变的市场潮流中当机立断地抢占先机，才能使企业做大、做强。

在过去的十多年时间中，大多数日本高科技公司的收益都不太稳定，时起时落，唯有佳能公司却一直在稳步发展，其关键就在于佳能的掌舵人御手洗冨士夫有着超强的决断能力。

1997年，御手洗冨士夫晋升为佳能的CEO，他的上台标志着佳能正式进入转型期。但是，和日本一些老牌企业一样，佳能公司内部也有着很严重的"大企业病"。为此，御手洗冨士夫在上任之初便雷厉风行地进行了一番改革，并采取了几大措施：

第一项措施就是削减成本。冨士夫果断关闭了个人PC、液晶显示器、电子打字机等一系列亏损的业务部门，接着又拍卖了这些资产，避免了近3亿美元的巨额亏损，让公司不再因为这些部门的亏损而受到拖累，也可以集中资源到获利良好的部门。

第二项措施就是提高产品开发速度，推出新产品，避免在通货紧缩的环境下因产品价格下跌而造成损失。富士夫一面增加研发经费，一面果断地结束了那些周期长、花费大，却没有什么结果的研发项目。

在改革过程中，富士夫不可避免地遇到了一些阻力，但他以超强的决断力坦诚地面对各方质疑，尽全力说服他人。比如，在他要求工厂采取单元式生产时，就花费几周时间与持质疑态度的主管进行辩论，最终说服了管理层，与大家取得了一致意见后才实施。结果，这一项改革措施使得佳能的产能提高了三成。

御手洗富士夫坦言，自己喜欢改革。他认为，改革代表公司在表现不错时要改善营运，有别于公司表现不济时需要重组的做法。可以说，从思想到行动，御手洗富士夫都彰显出了果断行事的风格，而且有着超强的决断能力。

富士夫所采取的一系列改革措施使得佳能公司几乎创造了一个奇迹——利润出现了惊人的三级跳，公司营收暴增到243亿美元，净利润高达14亿美元；7年内，佳能公司在东京股票交易所的市值从第43位上升到了第8位。

2002年，美国的《商业周刊》将佳能公司CEO御手洗富士夫列入全球25名"顶级经理人"排行榜，并评论他是"一位有决断力的人物"。

美国麦克金赛管理公司曾经针对管理卓有成效的37家公司做过一项调查，调查结果显示，领导要获得成功有八个条件，其中一个就是行动要果断——只有准确判断，快速决断，果敢行动，才能先人一步，把握制胜权。而决断力，是一个领导者综合素质中最为重要的一种能力。

通用电气历史上最年轻的董事长和CEO，"美国当代最成功、最伟大的企业家"杰克·韦尔奇也把决断力推到无比重要的位置，认为它是"面对困难处境勇于做出果断决定的能力"，它是"始终如一执行的能力"。是的，从古至今，成功的人有很多，但能成大事、成大业的人其实很少。只有那些敢于决断、善于决断的人，才能成就一番令世人敬仰的大事业。

## 半途效应：
## 坚持到最后，才能笑到最后

所谓半途效应，是指在激励过程中达到半途时，由于心理因素及环境因素的交互作用而导致的对于目标行为的一种负面影响。大量的事实表明，人的目标行为的中止期多发生在"半途"附近。简言之，半途效应强调了意志力磨练对于一个人的重要意义。

分析表明，半途效应之所以会产生的主要原因有二：一是目标选择不合理，在向着目标前进的过程中易出现半途效应；二是人缺乏意志力，从而极易出现半途效应。为此，要消除半途效应的负面影响，就必须培养专心一致、坚忍不拔的精神。

1995年5月27日，因在电影《超人》中扮演超人而一举成名的克里斯托弗·里夫在参加一个马术比赛中，座下的马匹突然收住马蹄，他猝不及防地从马背上飞了出去。这次意外坠马造成克里斯托弗·里夫的第一及第二颈椎全部折断。医生甚至不能够确保里夫能否活着离开手术室。幸运的是，里夫被抢救了回来，却因高位截瘫，终生不得不在轮椅上度过。

一下子变成了一个只能动动手指的废人，本来有着大好星途的克里斯托弗·里夫因这一巨大打击变得万念俱灰。就在他丧失了生之希望之际，无意间听到了妻儿之间的一段对话：

那天，才三岁的儿子威尔对妈妈丹娜说："妈妈，爸爸的膀子动不了呢。"

"是的，"丹娜说，"爸爸的膀子动不了。"

"爸爸的腿也不能动了呢。"威尔又说。

"是的，是这样的。"威尔停了停，有些沮丧，忽然，他的小脸上露出了幸福的神情，"但爸爸还能笑呢。"

"爸爸还能笑呢。"正是威尔的这句话，让里夫看到了生命的曙光，进而找回了生存的勇气和希望。他坚信自己会在50岁之前重新站立起来——他要做一个真正的"超人"。就这样，最终凭着顽强的意志力，里夫勇敢地活了下来。并且从那之后，里夫从来没放弃过重新站起来的信念，直至生命终结。

他抱着"我绝不能让残疾主宰我的生活"的信念熬过了痛苦异常的治疗期，从2000年开始，他的病情开始有逐渐改善的势头，到了2002年，他已经可以动一个指头，身体超过一半的部位也开始恢复知觉。其挚友罗宾·威廉姆斯在里夫去世后回忆说，那段时间，里夫和所有其他人一样，都相信他会重新站起来。

虽然最终他并未能如愿，但还是做出了许多令人惊异的举动：他不仅没有中止表演生涯，反而抱着更大的热忱投入了他所喜爱的影视制作领域。他不仅演出了一系列电视角色，更尝试成为一名导演和制作人。其中，他参演并兼任制作人的电视剧《后窗》(Rear Window)为他赢得了电视剧最佳男演员奖。1997年，他还执导了电影《黄昏时刻》《棒球小英雄》等。

同时，他还在公益事业上投入了很大的精力，特别是在医疗健康领域——他想帮助那些和他罹患同样的疾病的人们。他还曾努力游说国会制定更加有利于脊柱疾病患者的健康保险条款，并设立了以自己的名字命名的瘫痪病人康复基金，共为瘫痪研究捐款2200多万美元。

就好像克里斯托弗·里夫在其自传《克里斯托弗·里夫的生涯和勇气》中写给儿子的那句话："但爸爸还能笑呢。"没错，无论是怎样的困难和灾难，我们都要以微笑面对——这也是半途效应给我们的最大启示。

第十章

# 罗伯特定理:

# 成功,从相信自己开始

## 罗伯特定理：
## 除了你自己，没人能够打倒你

　　罗伯特定理是美国史学家卡维特·罗伯特提出的。具体内容是，没有人因倒下或沮丧而失败，只有他们选择倒下或沮丧才会失败。意即倘若自己不打倒自己，就没有人可以打倒你。它强调了自强与自信的重要性。

　　有一次，享誉全球的制表集团雅典表（Ulysse Nardin）公司的总裁罗尔夫·斯克尼迪尔接受记者的采访，当别人问及多年来从事高精密度手表制造的过程中他最为自傲的理念是什么时，他给出的答案就是："永不低头，做'失败'的头号敌人。"

　　事实上，任何成功的背后，一定存在无法绕开的磨难与挫折，对于罗尔夫·斯克尼迪尔也是这样。对于他而言，正是由于永远踏着比别人更不屈不挠的步伐，公司发展过程中遇到的那些失败、挫折、困顿等，在他看来均为寻常小事，所以，他才能有足够的底气说："我是'失败'的头号敌人，因为我从不轻易放弃任何一件事情与机会，所以也绝不会被失败打倒。"

墨西哥著名女画家弗里达的经历，恰恰是以罗伯特定理重塑人生的绝佳诠释。

这位杰出的女画家不幸于18岁时遭遇了一场车祸，导致脊柱、锁骨、肋骨断裂，骨盆破碎，右腿11处骨折。从此，病痛成为高悬在她头上的达摩克利斯之剑，时不时对其发出警讯。终其一生，她一共差不多经历了30次手术，一直深受疼痛困扰。然而，她却带着疼痛作画，或躺着画，或半侧着画，或趴着画，或将画框悬挂在头顶上画，总之，但凡可以让疼痛减轻些的画姿，她无不尝试。

或许有人会说：“如此艰难，为何还画？”对，必须画下去，因为于她而言，不作画，毋宁死。生命是如此短促，生活是如此凡庸，自己有幸找到突围之路，那就一定要紧紧抓住。疾病已经无法逆转，生命的终点且遥遥在望，既然无法改变，那就要自助、自救，活出一个绚烂的人生。就是因为这一点，弗里达让画画成了她唯一的选择，也让她度过了不平凡的一生。

世间众生莫不如此，倘若不想随随便便了此一生，那么，就要在遇到挫折时远离自暴自弃的泥沼，进而以"自助者天助"的姿态成就独属于自己的人生。

克里斯蒂·布朗出生时虽然四肢健全，但严重瘫痪，因为他患了非常严重的脑性麻痹。他发音不准，全身上下仅有左脚能动。当同龄的孩子还在蹒跚学步时，他就开始了轮椅生活。7岁那年，当他坐着轮椅与家人到公园玩时，看到几个小朋友在比赛画画。他羡慕极了，不停地发出"啊啊"的叫声，表达自己的渴望之情。

一个小孩儿笑着说:"你连话都说不清楚,怎么可能画出好东西!还是不要吵着我们啦!"这句话让他伤心欲绝。回家后,他在姐姐的鼓励下,开始用左脚勤奋地画画、写字。同时,为了像正常人一样生活,他在家人的帮助下,坐在推车里,开始认识并了解周围的世界。就这样,他仅凭左脚,不但学会了画画,还学会了写作。

写作之初,面对自己忍痛写出的作品被退稿,他告诉自己:"人要先自助。"于是,就算是退稿再多,他仍旧日复一日地写着,左脚趾被磨破了也从不灰心。他总是充满热情地追求着自己的理想。最终,他的画作获了奖,他的处女作《我的左脚》也在几经修改后得以发表。

此后,他更加意识到,只要自己不放弃理想,扎扎实实地投入写作,美好的日子就在前方。从此,他一发不可收拾,尽力抓住每一个机会。最终,在27岁时,他撰写的小说《那些低潮的日子》得以发表,并且,这本小说一经发表就荣登畅销小说榜第一名,接着又被改编成电影,并获得了奥斯卡奖。随后,他又先后出版了六本书。

正如克里斯蒂·布朗在日记中所写的:"只要肯下功夫,没有什么事做不到!在风雨中,要勇敢坚定;在黑暗中,要咬紧牙关前行;面对沙漠,心中要憧憬绿洲;要像蝉一样,经历苦痛的蛰伏,却永不言弃。永不放弃自己,一个人一定能一飞冲天!"

## 比较优势原理：
## 让优势发挥最大的作用

比较优势原理原本是国际贸易学中的概念，后被用于经济活动领域的各种竞争合作中。它是指只要与他国相比，在生产成本上具有相对优势，就可以通过生产其相对成本较低的商品去换得他国生产的相对成本较高的商品，并因此获得比较利益。

如何理解这一原理呢？众所周知，优势是在比较中产生的，是相对的。没有比较就不存在孰优孰劣之说。在这个世界上，人与人之间的分工合作关系是建立在比较优势基础之上的，有比较才能分出强弱。而一个人如果在某一方面远胜他人，那么，他（她）就具备了绝对优势——在比较优势的基础上发展出来的、力量更强的优势。

因此，从这一角度而言，对于一个各方面都比他人强大的人来说，最聪明的做法不是倚仗自己的才华到处逞强，而是要将有限的时间、精力和资源用于自己最擅长的地方，使自己具备绝对优势。

同样，一个各方面都处于劣势的人，也无需自怨自艾，更无需抱怨自己先天不足，缺少绝对优势，而是要清醒地认识到，天生我材必有用，只要自己以平静的心态提升自己，就可以让自己不断提升比较优势，进而成为绝对优势，从而在时机到来时，及时和善于抓住时机，进而成就自己。

约翰·戴维森·洛克菲勒初入石油公司工作时，因为学历不高，又没有什么技术，所以从事着石油公司最简单的工作——巡视并确认石油罐有没有自动焊接好。这是一个简单到了连小孩子都可以胜任的工作。但洛克菲勒一刻也不马虎，每天亲眼盯着焊接剂自动滴下，沿着石油罐盖转一圈，再看着自动输送带将石油罐移走。这项工作不但简单而且枯燥，于是，在最初的几天新鲜劲儿过后，洛克菲勒有些厌倦了。但他再一想自己目前的条件，一无文凭，二无专业技能，能从事这样的工作也好，可以积累经验，多学习，将来就有机会了。于是，他决定安心地把眼前的工作做好。

从此之后，他开始更加认真地观察、检查石油罐的焊接质量。当时，石油公司正在推行节约计划。洛克菲勒想，自己当下从事的这项工作是否也可以节约某些程序呢？于是，经过一次次地观察、揣摩、计算，他发现每焊好一个石油罐，焊接剂要落39滴；而经过周密计算，只要37滴就可以焊好了。不过这个方法并不实用。洛克菲勒没有灰心，而是更加深入地进行研究。

经过多次测试，他终于研制出"38滴型"焊接机。也就是说，使用这种焊接机，每次可以节约一滴焊接剂——尽管节约的只是一滴焊接剂，可一年下来，"38滴型"焊接机可以为公司节省500万美元的开支。从此，洛克菲勒被高层管理者看重，踏上了卓尔不凡的成功之路。

可以说，那38滴焊接剂被公司的每一个人看在眼里，却被洛克菲勒一个人看在心里。于是，这么一滴不值一提的焊接剂，最终成了洛克菲勒改变命运的机会。这件事极其通俗且简单地说明了比较优势原理——在相同的条件下，正是由于洛克菲勒能先于他人发现机遇，于是他获得了先人一步的事业发展机遇。

著名的心理学家奥托指出，一个人所发挥出来的能力，只占其全部能力的4%。换言之，我们每个人本身都是一座金矿，还有96%的能力不曾被发掘出来。因此，一个人要善于发掘自己的优势，要将羡慕他人的目光收回，转而放到自己的身上，不断寻找自己的优势。那么，终有一天，这些与他人相比独属于自己的比较优势，就会发展为你的绝对优势，从而让自己创造奇迹，甚至让自己也成为奇迹。

2012年2月，世界上第一款可以折叠的汽车面世了。这款汽车不但有着时尚的圆弧造型，而且小巧精致，充一次电就可以行驶120公里。最神奇的是，它可以在30秒之内完成折叠动作，让车主不必担心没有足够的空间来安置它。当这辆折叠汽车受到众多车迷们追捧的时候，人们不曾想到，设计这款车的人居然是一位女性设计师——她就是善于开发自己的潜能，让比较优势化为绝对优势的达利娅·格里。

小时候的达利娅是一个沉默寡言的孩子，喜欢独处，最喜欢的事情就是一声不响地坐在角落里折纸片玩儿。读小学三年级时,她除了手工课,其他功课成绩一塌糊涂,老师给出的断言是她的智力有问题。但父亲坚持认为她是一个非常聪明的孩子,并告诉她,蓝鲸是动物界的"巨人",但它的喉咙却非常狭窄,只能吞下5厘米以下的小鱼。但蓝鲸这样的生理结构却非常有利于鱼类的繁衍。因为如果成年的鱼也能被鲸鱼吃掉,那么海洋中的鱼类也许都会面临灭绝了!父亲最后告诉她,任何人都有不完美的一面,一个人只有靠自己的努力,才能让自己强大起来。

从此之后,她坚持自己的喜好——做手工之余,还常常动手搞些小发明。比如,将几块木板钉在一起,加上铁丝和螺丝钉,做成一个小巧的板凳;将家中的衣架略加改造,使之可以自由变换长度,成了一个"万能衣架";甚至,在父亲的帮助下,她还将家里的两辆旧自行车拼到一起,变成了一辆双人自行车。

就这样,伴随着这些小小的发明,她快乐成长着。2010年,达利娅已经成为麻省理工学院的一名大学生。一个周末,去超市购物时,她无意中听到两位顾客抱怨停车位难找,希望可以有一种可以折叠的汽车。由此,她开始了折叠汽车的设计。在无数次的思考和画图中,达利娅完成了设计。随后,她在网上发布帖子,找到了合作商——西班牙的一家汽车制造商,开始了折叠汽车的生产。

诚如达利娅·格里所说,她从小就不是个聪明的孩子,但她坚持做自己喜欢的事,用刻苦和勤奋来弥补缺陷,最终找到了属于自己的路。

这同样证明了比较优势定理的存在意义，它提醒我们，命运不会偏向谁，重要的是如何发现自己的比较优势，并努力发展它，使之成为绝对优势。

## 鲇鱼效应：
## 外来的压力，也是最好的动力

挪威人喜欢吃沙丁鱼，尤其是活鱼。相比死鱼，市场上活鱼的价格要高许多。因此，渔民们总是想方设法地让沙丁鱼活着回到渔港。可是，尽管他们想尽各种方法，绝大部分沙丁鱼在运输的途中还是因窒息而死亡。

然而，和大多数渔船不同，有一条渔船总能比其他渔船运回更多的活沙丁鱼。大家多方寻找答案，但船长和船员都严守秘密。最终，这个秘密在船长去世后被揭开了。原来，一次偶然的机会，船长发现装沙丁鱼的鱼槽里不知什么时候混进了一条鲇鱼。这条鲇鱼进入鱼槽后，由于环境陌生，就四处游动。而沙丁鱼发现鲇鱼后，一个个变得十分紧张，就在鱼槽里左冲右突，四处躲避。如此一来，反而解决了狭小空间内鱼群缺氧问题。从此之后，船长都会在运送沙丁鱼时，在鱼槽中特意放入一条鲇鱼。结果，每次捕到的沙丁鱼大部分都被活蹦乱跳地运到了渔港。

沙丁鱼性喜安静，追求平稳，因此对面临的危险没有清醒的认识，只是一味地安逸于现有的日子。船长无意中发现了沙丁鱼的这一特点，于是聪明地加入了鲇鱼，给沙丁鱼的生存环境造成威胁，从而激发了沙丁鱼的求生的活力，进而保证沙丁鱼的存活率，让自己获得最大的利润，成为最大的受益者。这就是著名的鲇鱼效应。

这一心理效应的实质就是一种负激励心态，也是激活员工干劲的一种管理手段。同时，它还是提升人才或团队动力的方式，说明适度的压力可以帮助团队或个人快速成长。

研究表明，如果一个团队或个人长期处于同一个环境中，从事着相同的工作，极易滋生厌倦等负面情绪，进而造成工作效率下降，产生职业性倦怠。合理地利用鲇鱼效应，无疑可以激发团队或个人的竞争意识，从而促进其提升自己的能力，激发其工作热情，进而大幅度提升工作效率。

加拿大一位著名的长跑教练，因为在极短的时间内培养出了好几名长跑冠军，于是成了新闻热点人物。有许多人询问其训练成功的秘密。结果，教练告诉他们，培养出长跑冠军的不是他，而是几匹凶猛的狼。

原来，这位教练在最初训练队员长跑的时候，要求队员们每天的第一课就是从家里出发后，一路跑着来训练。在训练的过程中，他生气地发现，一个队员的居住地离训练基地最近，但总是每天最后一个到达。就在教练忍无可忍，打算请他另谋高就时，这个队员某天竟然不但第一个到达，而且比其他队员早到了20分钟。教练很清楚他家与训练基地的距离，不禁觉得有些奇怪。同时，他还吃惊地发现——这个队员当天的奔跑速度足以打破世界纪录！

当他询问这个气喘吁吁的队员原因时，才知道这个队员当天遭遇了一次惊心动魄的历险。当天，这位队员离家后不久，经过一段五公里长的野地时，突然与一匹野狼巧遇。饥饿的野狼不想放弃难得的一顿美餐，在后面拼命地追赶他。于是这位队员为了从狼口逃生，使出吃奶的劲儿往前狂奔，没想到最后竟将那匹野狼甩在了后面。

通过这件事，这个教练想到了一个激发队员潜能的方法——借助外在的压力。他出重金聘请了一个驯兽师，并找来几匹狼。每当训练的时候，他就让驯兽师将狼放开，让它们在队员的后面追赶。结果，训练场上从此经常上演狼追人的怪异戏码。但是，很快训练的成效出现了——队员的跑步成绩在极短的时间内都有了大幅度的提高。

这个真实的案例告诉人们，借助外在的压力，尤其是敌对的力量带来的威胁，可以让人发挥出巨大的潜能，创造出惊人的成绩。这种压力越大，尤其是大到足以威胁到一个人或一个团队的生命时，个人或团队将会爆发出无穷的力量，从而获得奋斗和前进的动力。

因此，当你感到自己的动力不足时，当你发现团队成员不够努力时，不妨试着发挥鲇鱼效应的力量，引进竞争机制，通过竞争激发个人向上的主动性，使之感受到自我生命的活力，进而获得极大的成长动力。

## 肥皂水效应：
## 适当的赞美，让人际关系更美好

约翰·卡尔文·柯立芝于1923年当选为美国总统。当时，他身边有一位漂亮的女秘书。不过，遗憾的是，这位女秘书虽然外表美丽，但工作能力却不能令人满意——她经常因粗心而出错。这给柯立芝造成了很多麻烦，因此他苦思方法解决这个问题。

这天早晨，柯立芝看见秘书走进办公室，就对她说："今天你穿的这身衣服真漂亮，正适合你这样漂亮的姑娘。"能从总统口中听到对自己的夸奖，女秘书顿时感到受宠若惊。随后，柯立芝接着说："但也不要骄傲，我相信，你同样能把公文处理得像你本人一样漂亮。"结果，从那天起，女秘书在处理公文时就很少出错了。

有人问柯立芝是怎么想到这种妙法的，柯立芝得意地说："很简单，想必你一定看见过理发师给人刮胡子。在刮胡子之前，他要先给人涂些肥皂水。知道为什么吗？为了刮胡子时让人不觉得痛。"

这就是肥皂水效应的来历。它是指将对他人的批评夹在前后肯定的话语之中，从而减少批评造成的负面效应，进而让被批评者愉快地接受对自己的批评。就本质而言，它是以赞美的形式巧妙地取代批评，从而用简捷的方式达到直接的目的。

肥皂水效应在人际关系中可以发挥巨大的作用，它不但可以有效地提升人际沟通技巧，而且可以让人避免不必要的烦恼，从而打造和谐、友好的人际关系。发生在美国著名人际沟通大师的一位学生卡伍先生身上的一件事，恰恰说明了肥皂水效应的实用性：

美国费城的一家公司——华克公司，承包建筑一座办公大厦，而且指定在某一天必须竣工完成。这项工程中的每一件事进行得都非常顺利，眼看这座建筑物就快要完成了。突然，承包外面铜工装饰的商人声称自己不能如期交货。

什么？他知不知道自己在说什么？要知道，他如果不能按期交货，那么整个建筑工事都要停顿下来，最终华克公司就要交付巨额的罚款！为此，华克公司的相关负责人和这位商人多方沟通，在长途电话中，双方甚至展开了激烈的争辩，最终均无济于事。无奈之下，公司决定派卡伍前往纽约，与那个商人当面沟通、交涉。

接受任务后，卡伍就在思考如何与这位难缠的商人沟通。好在，等到走进这位经理的办公室时，他已经拿定了主意。他见到对方就说：“您是否知道，您的姓名在布鲁克林是绝无仅有的？”这位商人感到极为惊讶和意外，因为卡伍竟然没有一上来就和他争吵。

接着，卡伍说：“今天早晨，我一下火车就查了电话簿，想找您的地址。结果，我发现，在整个布鲁克林，您是唯一叫这个名字的人。”那位商人说：“你还别说，我还真没注意过这事儿。”于是，他极感兴趣地将电话簿拿来查看，发现事实果真如此。

这位商人顿时感到十分骄傲，于是得意地说："没错，这是个不常见到的姓名，我祖籍荷兰，我们家移民纽约已有两百年了。"接着，他就和卡伍大谈特谈自己的祖先和家世。而卡伍就在倾听与交谈中，自然而然地赞美他拥有这样一家规模庞大的工厂。

随后，卡伍说："这是我所见过的铜器工厂中最整洁、设施最完善的一家。"那位商人说："没错，我用了一生的精力经营这家工厂，我以它为荣，你愿意参观我的工厂吗？"

接下来，在参观工厂的过程中，卡伍一边连连称赞工厂的组织系统完善，一边还顺便指出其优于其他工厂之处，同时还没忘记赞美几种特殊的机器。这位商人和卡伍越聊越投机，最后坚持请卡伍和他共进午餐——直到此时，卡伍也只字不提自己此行的目的。

午餐后，那位商人说："现在，咱们言归正传吧。我清楚你此行的目的。不过，我根本没想到，我们二人竟然相见恨晚，谈得如此投机。"接着，他又笑着说："你先回费城吧，我保证，你们公司定的货会准时送达。请相信我，就算是牺牲了跟别家的生意，我也一定会保证供应你们的货物。"

卡伍深谙肥皂水效应的妙用，既不与对方激烈争辩，也不向对方低声下气地请求，而是在得体的赞美中，让对方收获心理层面的舒适感，进而主动改变自己，从而达到双赢的目的。须知，尊重对方，给对方心理的舒适，让对方不难堪、不反感，是会改变一个人的意志的。这就提醒人们，虽然都知道忠言逆耳，但与其让忠言变得逆耳，不如巧妙地包装一下，在达到既定的目标的同时，让对方也感到舒服。这样一来，不但可以更好地激发对方的合作心理，而且可以保护对方的自尊心。

因此，若想打造良好的人际关系，不妨在与人交往中学一学说话的艺术，多掌握一些沟通的技巧，巧妙地运用心理效应提升自己的说话效果，悦人的同时也悦己，何乐而不为呢？

## 青蛙法则：
## 你的气度，决定你的格局

日本人奥城良治童年在田间玩耍时，无意间发现了一只正在休息的青蛙。于是，顽皮的他就向青蛙撒了一泡尿。结果，没想到的是，这只青蛙不但不躲闪，还一直瞪着眼睛看着他。虽然感到奇怪，但奥城良治随后就将这件事抛诸脑后了。

长大后，奥城良治成了一名汽车销售人员。在工作过程中，奥城良治面对不断遭到拒绝的尴尬局面，一度产生放弃的想法。然而，不知为什么，他突然想起了童年时遇到的那只青蛙：耐心面对困境，于沉静中找到改变的机会。于是，他又鼓起勇气，要求自己每天坚持拜访100个潜在客户，遇到拒绝也不气馁，最终，他连续16年成为日本汽车销售冠军。由此，他得出了著名的青蛙法则：一个人要在身处困境时，如同青蛙面对撒在眼睑的尿一样，要耐心面对，最后终能成就自己。

换言之，青蛙法则给我们的启示是，挫折是常态，顺利才是例外。一个人只有意识到这一点，最大限度地磨砺自己，以待时机，才能有所作为。实际上，它强调的就是挫折之于人的重要性。因此，无论身处哪个行业，从事何种职业，在遇到困难和挫折时如果没有耐心和毅力，无法坚持到最后，就不会有拨云见日的可能。

世界激励大师约翰·库提斯刚出生时，身体严重畸形，而且十分瘦小，只有一只矿泉水瓶大。医生断言他活不过当天。然而，令人意想不到的是，这个"矿泉水瓶男孩"不但活了下来，而且活得十分精彩，他不但受到过南非前总统曼德拉的接见，还与美国前总统克林顿同台演讲过。

从小到大，约翰·库提斯已记不得自己吃了多少苦，受了多少罪。上小学时，他经常被一群坏孩子欺负，那群坏孩子会用各种恶作剧般的手段捉弄他，为了躲避这些欺凌，他想尽了办法。17岁那年，原本不高的他，因为下肢病情恶化，不得不接受了腰部以下部位截肢手术，仅余不足1米的身高，成为名副其实的仅有上半身的矮人。更不幸的是，在约翰·库提斯29岁那年，他又患上了癌症。

然而，约翰·库提斯从未向命运低头，面对接踵而来的厄运和打击，他选择自强和独立，最终以自己出色的演讲才华，历时8年，"走"过190个国家和地区，成为闻名各国的传奇人物，更成为世界知名的激励大师。每一个曾倾听过他演讲的人，都清晰地记得那个用一只胳膊支撑着身体，腾出另一只手推动滑轮，驱动不到1米高的躯体在轮椅上快速前行的形象。然而，无论"走"到哪里，无论遇到多少困难，他的头始终高昂着，神情中甚至透出几分骄傲。

面对生活中的坎坷和挫折，倘若能像约翰·库提斯那样高昂着头坚持走下去，那么，"成为人生竞技场上的胜利者"就不会是一句空话。毕竟，比起约翰·库提斯，大多数人的先天条件无疑要好得多。

中国有句古语："穷则独善其身，达则兼济天下。"这也正是与之相似的隐忍待发的处世态度。在工作和生活中，面对不利于自己的境况，一个人如果能学会容忍、克制，默默积攒力量，把握时机，将劣势化为优势，那么，这样的人终将成就一番事业。

一位日本青年毕业后被分配到某海上油田钻井队工作。在海上工作的第一天，领班要求他在限定的时间内登上几十米高的钻井架，把一个包装好的漂亮盒子拿给在井架顶层的主管。年轻人抱着盒子，快步登上狭窄的、通往井架顶层的舷梯，当他气喘吁吁、满头大汗地登上顶层，把盒子交给主管时，主管只在盒子上面签下自己的名字，又让他送回去。于是，他又快步走下舷梯，把盒子交给领班，而领班也同样在盒子上面签下自己的名字，让他再次送给主管。

如此反复上上下下数回，最后，年轻人十分愤怒。但他尽力忍着不发作，擦了擦满脸的汗水，抬头看着那已经爬上爬下了数次的舷梯，抱起盒子，步履艰难地往上爬。当他上到顶层时，浑身上下都被汗水浸透了，汗水顺着脸颊往下淌。他将盒子再次递给主管，主管看着他慢条斯理地说："把盒子打开。"年轻人撕开盒子外面的包装纸，打开盒子，发现里面是两个玻璃罐，分别装着咖啡和咖啡伴侣。

顿时，年轻人再也无法克制心头的怒火，"啪"的一声把盒子扔在地上，高喊道："我不干了！"说完就要走。主管站起身来，直视他说:"你可以走。不过,我不想让你误解我们。之所以让你这么做,是对你进行'承受极限训练',因为我们是在海上作业的,随时会遇到危险,为此队员们必须具备极强的承受力,如此才能成功地完成海上作业任务。相当遗憾的是,你走过了前面最难的一步,却在最后失败了。"

中国明代著名的处事格言集《菜根谭》中有这样一段话:"伏久者飞必高,开先者谢独早。知此,可以免蹭蹬之忧,可以消躁急之念。"

意思是说,一只蛰伏很久的鸟,一旦飞起来,必能飞得很高;一朵开得很早的花,等到凋谢时必然凋谢得很快。一个人只要能明白这个道理,就可以深入领悟青蛙法则。如此,不但可以免除怀才不遇的忧虑,也可以消除急于求取功名财富的念头,并在韬光养晦的日子里不断磨砺、充实、提高自己,一旦获得合适的机会,就会比其他人看得更高,走得更远,收获也更多。

说到底,你的胸襟和气度,决定你的格局和所能达到的上限。

# 第十一章

## 达维多夫定律：
## 做别人做不到的事情

## 达维多夫定律：
## 敢为人先，终能成就自我

达维多夫定律是俄罗斯心理学家达维多夫提出的。这一定律的内容是，没有创新精神的人永远都只能是一个执行者，而只有敢为人先的人才最有资格成为真正的先驱者。这一定律道出了创新精神对于每个人的重要性。

有人曾做过一个有趣的实验：将六只蜜蜂和同样数量的苍蝇装进一个玻璃瓶中，然后将瓶子平放，让瓶底朝着窗户，然后观察所发生的情况。让人想不到的是，蜜蜂不停地想在瓶底上找到出口，一直到一个个力竭倒毙或饿死；而苍蝇却能在不到两分钟的时间内穿过另一端的瓶颈逃逸一空。

究其原因，蜜蜂正是因为对光亮的过度喜爱和坚持，才让自己走上了灭亡之路。相反，苍蝇对光亮毫不在意，它们唯一的意识便是逃命。于是，在四下乱飞之际，歪打正着地碰上了好运气，最终发现了那个活命的出口，并由此获得自由和新生。

这个实验提示我们，面对瞬息万变的世界，唯有张开双臂，全身心地投入这一时代，学会用不同的方式去创造性地思考问题，才能解决实际问题，并且让自己保持不竭的生命力。

杰福斯是一个牧场的牧童，他的工作就是每天把羊群赶到牧场，并监视羊群，使之不越过牧场的铁丝到相邻的菜园里偷吃菜。结果，有一天，杰福斯实在太累了，在牧场上不知不觉地睡着了。睡梦中，他被一阵怒骂声惊醒，只见老板怒目圆睁，大声冲着他吼道："你这个没用的东西，菜园被羊群搅得一塌糊涂，你还在这里睡大觉！"杰福斯一看，果然如此，他被吓坏了，只能低着头任凭老板斥骂。

事后，机灵的杰福斯一直想找到一个方法，使羊群不再越过铁丝栅栏。后来，他发现，牧场上只有那片种着玫瑰花的地方没有修建牢固的铁栅栏，但羊群却从不过去，因为羊群怕玫瑰花的刺。随之，杰福斯想到了办法，高兴地跳了起来。

他找来一些铁丝，然后将铁丝剪成5厘米左右的小段，再把它们结在铁丝上当刺。结好之后，他发现，再放羊的时候，羊群最初也曾试图越过铁丝网去菜园，不过，在每次都被刺疼后就会惊恐地缩回来。久而久之，羊群就再也不敢越过栅栏了。半年后，杰福斯申请了这项专利，并获得批准。此后，这种带刺的铁丝网便风行全世界。

这个故事告诉我们，创新往往是在不经意间获得的。重要的是，达维多夫定律中蕴含的创新精神对于人们意义重大。个人如此，企业发展也是如此。对于一个企业而言，倘若企业中的"蜜蜂"们不去努力创新,就随时会撞上无法理喻的"玻璃之墙",甚至阻碍企业的发展,令企业失去创新活力,从而最后招致失败的命运。

圣地亚哥的艾尔·柯齐酒店由于电梯老旧,无法正常使用,于是,管理者请来了许多位专家商量对策。专家们经过一番研商后,一致认为必须再安装一部电梯。当然,最好的安装办法是在每层楼打一个大洞,同时在地下室多装一个马达。

解决方案确定之后,两位专家到前厅坐下来商谈细节问题。这时,一位正在低头扫地的清洁工恰好听到了他们的计划。于是,这位清洁工对他们说:"每层楼都打个大洞,难道不会把酒店内部弄得乱七八糟,到处尘土飞扬吗?"

工程师答道:"这也是没有办法的事情。到时候还得辛苦你多多帮忙。"

清洁工又说:"我看,你们动工时最好把酒店关闭一段时间。"

"不能关,你想,倘若关门一段时间,别人就会认为酒店倒闭了。所以,我们打算一面动工,一面继续营业。当然,如果不多添一部电梯,酒店以后也很难维持下去。"

清洁工挺直腰杆,双手握住拖把柄说:"倘若我是你的话,我会把电梯装在酒店外头。"

一语惊醒了梦中人,两位专家眼前为之一亮。于是,他们听从了清洁工的建议,将电梯安装在了室外——这一举动不但率先创造了近代建筑史上的新纪录,而且为商家省了大把的支出。

或许有人认为创新太难,其实不然,创新就是最大限度地发挥人的潜能，使之不受制于自缚手脚的想法。这种创新精神人人都具备，却非人人能把握。然而，只要在适当的时机下，就能真正爆发出巨大的能量，突破条条框框的束缚，甚至影响、改变世界！

## 贝勃定律：
## 尺度的重要性

科学家贝勃曾做过一个实验：一个人右手举着300克的砝码，这时，在其左手上放305克的砝码，他并不会觉得有多少差别，直到左手上砝码的重量加至306克时才会觉得有些重；如果一个人右手举着600克砝码，这时，其左手上砝码的重量要达到612克才能感觉到重。

换言之，原来的砝码越重，后来就必须加越大重量的砝码才能感觉到差别——这种现象后来被称为贝勃定律。这一定律说明，当一个人经历强烈的刺激后，再施予的刺激对他（她）来说也就变得微不足道了。

为什么会出现这样的现象呢？这是因为，就心理感受来说，第一次的大刺激能冲淡人对第二次小刺激的感受。比如，原本2元的鸡蛋灌饼变成了5元一份，你一时间肯定会感到无法接受；而原本4500元的电视价格涨了100元，你一定不会有什么大的反应。

联系到现实生活，这一定律提醒我们，给予方要多做雪中送炭的事，少做锦上添花的事，尽量不做画蛇添足的事；而接受方要懂得珍惜自己的点滴所得，善待身边的人。

贫穷的小男孩爱德华为了攒够学费，不得不挨家挨户地推销商品。这天，工作了一天，他感到饥寒交迫，浑身无力。他摸遍全身，却只找到了一角钱。于是，他决定到下一户人家推销时讨口饭吃。然而，当看到打开门的是一位美丽的年轻女子时，他顿时感到不知所措了。于是，他没有开口要饭，而是改为请求对方给他一口水喝。结果，这位年轻女子看出了他的饥饿和窘迫，给他倒了一大杯牛奶。

爱德华慢慢地喝完牛奶，问对方："我应该付你多少钱？"

年轻女子微笑着回答："一分钱也不用付。我妈妈教导我，施以爱心，不图回报。"

爱德华说："那么，就请接受我由衷的感谢吧！"

说完，爱德华就离开了这户人家。此时的他不仅自己浑身充满了力量，而且更加相信人类和人性之善。

数年之后，当年的那位年轻女子已经人到中年，她不幸患上了一种罕见的重病，当地的医生都对此束手无策。最后，她被转到大城市，由专家会诊治疗。医疗方案是由大名鼎鼎的爱德华·凯利医生制定的。当爱德华医生听到病人来自的那个城镇的名字时，一个奇怪的念头霎时闪过他的脑际。他马上起身，直奔病人的病房。

当身穿手术服的爱德华医生来到病房时，尽管病魔和岁月让当年美丽的女子变得憔悴不堪，但他还是一眼就认出了恩人。回到会诊室后，他当即下定决心，要竭尽自己所能治好她的病。从那天起，他就特别关照这个对自己有恩的病人。

经过艰苦的努力,手术成功了。爱德华医生要求把医药费通知单送到他那里,而他看了一下后,便在通知单上签了字。当医药费通知单送到病人的病房时,她实在没勇气看,因为她确信,治病的费用必然高昂,自己甚至可能要用余生来偿还。不过最后,她还是鼓起勇气,翻开了医药费通知单,旁边的那行小字引起了她的注意,她不禁轻声读了出来:"医药费已付:一杯牛奶。"签名栏处写着:爱德华·凯利医生。

这个故事是如此动人,就因为它表现了人性的善良的同时,提醒我们帮助他人要把握尺度。试想,当年,这位年轻女子若不是那么善解人意,尽管帮助了爱德华医生,她也未必会被对方铭记于心。由此可见,在处理人与人之间的关系时,恰到好处地把握尺度是多么重要。

除此之外,贝勃定律还是一个"狡猾"的定律,它除了提醒我们人际交往时的分寸和尺度外,还提醒我们在初入职场时,需要格外注意自己的表现,不可急于表现自己,要学会守拙,学会忍耐,让自己的能力一点一点地表现出来,从而为自己的事业发展一步一步打下良好的基础。

杰西是一位工作勤奋的员工,她一直为本部门的主管不作为而烦恼。这天,部门来了一位新主管,据说是一个十分有能力的人,是从总部"空降"来整顿业务的。于是,大家都很兴奋,期待着新主管上任后能改变当前这种毫无生气的局面。

然而，日子一天天过去，新主管却毫无作为，每天不是彬彬有礼地进办公室，便是躲在办公室里难得出门。结果，那些最初担心得要死的混吃混喝的人，现在反而更猖獗、更肆行无忌了。四个月过去了，就在杰西对新主管感到失望时，新主管却突然之间发威了：那些表现不良的人员或受到处罚，或被开除，而像杰西这样的踏实肯干之人，不但获得了加薪，还获得晋升。这位新主管的动作之快、手段之狠、处置之公正一时间惊呆了众人——他明显和从前相比全然不同了。

实际上，这位新主管就是一个深谙贝勃定律中蕴含的用人艺术之人。他明白如何把握重整部门人事的尺度，让变革的工作一次做到位，进而发挥最大的实效——而这也是贝勃定律给予管理者的最重要的启示。

## 杜利奥定律：
## 保持热情，主动选择生活的方向

　　杜利奥定律是美国自然科学家、作家杜利奥提出的一个观点：没有什么比失去热忱更使人觉得垂垂老矣。

　　作家拉尔夫·爱默生说的一句话很好地诠释了杜利奥定律的精髓："一个人如果缺乏热情，那是不可能有所建树的。热情像糨糊一样，可以让你在艰难困苦的场合里紧紧地粘在这里，坚持到底。它是在别人说你'不行'时，发自内心的有力声音——'我能行'。"

　　这段话也说明了杜利奥定律的意义所在——它提示我们要做生活中的强者，保持旺盛的激情和热情是极有必要的。

　　2014年，32岁的苏西·沃尔夫首次参加巴塞罗那F1官方试车赛时，就驾车跑出了1分27秒280的圈速，成绩排在所有参测车手的第5位，比F1历史上最年轻的三连冠得主、26岁的红牛车手维特尔快了0.0692秒，成为近30年来最接近F1正赛的唯一女性赛车手。但有许多人并不知道，苏西的成功是源于对赛车事业的痴狂热爱。

　　苏西是一个绝对的美女，有着精雕细琢般的脸蛋和迷人的微笑，全身上下散发着迷人的魅力。然而，原本可以靠脸吃饭的她却选择了赛车这项危险的运动，成为F1威廉姆斯车队的美女试车手。她的出现，也成了由清一色的男性统治的世界一级方程式赛车界的一大亮点。

而苏西对赛车的痴迷则源于曾为业余赛车手的父亲。当她体验到飙车时的狂野激情后，就对这一运动产生了无比大的热情。为此，她将其他女孩子吃喝玩乐的时间全部用在训练上，无论遇到任何困难，都坚持咬牙承受，并乐此不疲。

2004年，她小试锋芒，参加了英国雷诺方程式比赛，自此坚定了从事这一职业的信心。此后，她对赛车的热情一发不可收拾，先后参加了英国三级方程式比赛和德国房车赛。从此，她跻身专业赛车手的行列，并为自己确定了事业目标——成为最顶尖的一级方程式赛车选手。

在这种对赛车事业的热爱的驱使下，苏西开始接受更加严格的系统训练，从累积里程开始入手，一步步地向目标冲刺。功夫不负有心人，通过艰苦的努力，2012年底，她终于成为F1威廉姆斯车队的试车手。从此，她更加投入地参加训练，努力把自己的工作一项项都做好。除此之外，在训练基地的每一天，苏西都会根据工程师的要求，驾驶模拟器测试赛车部件的工作情况，为赛车的研发提供数据积累和反馈。

就这样，她在寂寞无比、单调乏味的工作中努力开发、试探着自己的极限，时刻准备成为真正的赛车手。随后，在一系列严苛而艰难的比赛中，苏西凭借出色的技术和高昂的激情获得了越来越多观众的关注和喜爱。

恰如苏西在接受采访时所说的："当我戴上头盔坐进赛车时，心中只渴望胜利。尽管没有取得第一，但我终于在F1的赛道上留下了自己的轨迹，实现了自己心底的梦想！"没错，人生总要有个目标，而要实现目标，就需要我们对生活和工作始终保持热情，这份热情就是每个人生活的原动力。

心理学分析也表明，如果一个人失去热忱，精神状态不佳的话，那么，他的一切都将处于不佳状态。在焦虑、生气、抑郁、沮丧的情况下，任何人都无法有效地接收信息或妥善地处理信息。而且，情绪过于压抑的话，还会严重影响一个人智力的发挥——沮丧、悲观的情绪会压制大脑的思维能力，从而使人的思维处于瘫痪状态。

相反，一个人倘若对周遭的一切保持旺盛的激情和热情，就可以使自己经常处于积极向上的乐观状态之中，从而收获轻松、自信的心境。这样的人总能保持情绪稳定，精神饱满，对外界没有过分的要求，对自己有恰当客观的评价。这样的人在遭遇挫折、失败时，往往不会沉湎于失败之中，而是着眼于事物光明的一面，进而发现不一样的意义和价值。

1988年，美国知名游泳选手麦特·毕昂迪参加奥运会时，曾被认为极有希望继1972年的马克·史必兹之后为美国夺得七项金牌。但遗憾的是，毕昂迪在第一项200米自由式游泳决赛中只获得了第三名。而在第二项100米蝶泳决赛中，毕昂迪原本领先，没想到，眼看就要游到终点时他硬是被第二名超了过去。现场观众一片哗然。然而，就在绝大多数人担心他会因为接连两次与金牌失之交臂而影响后续的表现时，他却出人意料地在随后的五项比赛中接连夺冠！

对此，宾夕法尼亚大学的心理学教授马丁·沙里曼认为，正是由于毕昂迪是一个乐观而富于激情的人，所以，他在接连面临重大挫折时，仍始终坚信情势必定会发生逆转，从而让自己在困境中也不会被无力感和沮丧所支配，进而助其转败为胜。

可以说，毕昂迪的成功并不在于其运动天赋一定强于别人，而是因为他有一颗非常坚定的心，同时有着非常良好的心态。

由此，我们也就很容易理解杜利奥定律的意义了：在现实生活中，人与人之间的差距之所以巨大，其根本原因在于每个人的心态各不相同。那些成功人士之所以成功，首先是因为他们拥有热情、积极的心态。而一个人如果拥有积极的心态，习惯于乐观地面对人生，乐观地接受挑战，豁达地应对挑战，那么，可以说他（她）就成功了一半。

## 华盛顿合作定律：
## 重视合作，避免内耗

华盛顿合作定律的内容是，一个人敷衍了事，两个人互相推诿，三个人则永无事成之日。这一定律告诉我们，合作并不是简单的力的相加。要想使相互的合作产生最大的效果，使每一个人都得到回报，那么，它就必须在分工合理、推进有序、目标一致而明确的基础上进行，否则一切都无从谈起。

那么，华盛顿合作定律的心理学基础是什么呢？实际上，这一定律是在旁观者效应的基础上得出的。其中，旁观者效应解释了华盛顿合作定律产成的根本原因：当旁观者越来越多时，每个人应该担负的责任就被分散了，最后没人愿意负起责任，于是导致合作失败。

换言之，倘若一件事由一个人单独完成，因为不存在旁观者，自然，这个人就无法找到推脱的人，不得不一个人承担起全部责任，因此可以顺利完成任务。

相反，只要出现其他人，无论多少，这种责任感就会降低，进而形成相互"踢皮球"的现象，乃至于导致"永无成事之日"。这正是由于当许多人共同从事某项工作时，虽然群体成员都负有责任，但是，群体中的每一个成员同时也都成了旁观者，彼此相互推诿，最后谁都不愿意承担责任，结果合作无法推进，于是就产生了华盛顿合作定律。

简言之，责任划分不清，互相推诿扯皮，最终导致华盛顿定律的产生。

既然清楚了华盛顿定律产生的原因，那么，如何解决华盛顿定律所带来的问题呢？这需要从根本上明确每个人的责任，让每个人都清楚自己的责任所在，让每个人都清楚既有的目标，如此一来就提升了合作的效果，进而避免了华盛顿合作定律现象的产生。

简言之，打造一支高效的团队，提升团队成员的合作意识和责任感，可以避免华盛顿定律现象的产生。

美国加利福尼亚大学的学者做了这样一个实验：将六只猴子分别关在三间空房子里，每间两只，房子里分别放着一定数量的食物，但放置的位置和高度都不一样。第一间房子的食物就放在地上，第二间房子的食物从易到难悬挂在不同高度的位置上，第三间房子的食物则悬挂在房顶。

数日后，他们发现：第一间房子的猴子一死一伤，伤的那只缺了耳朵、断了腿，奄奄一息；第三间房子的猴子也死了；只有第二间房子的猴子活得好好的。

究其原因，原来，第一间房子的两只猴子一进房间就看到了地上的食物，两只猴子为了争夺唾手可得的食物而大动干戈，结果伤的伤，死的死；第三间房子的猴子虽为了争取食物做了多方努力，但因食物放置得太高，难度过大，它们总是够不着，结果被活活饿死了；只有第二间房子的两只猴子先是各自凭着自己的本事跳跃取食，最后，随着食物悬挂高度的增加，难度不断增大，两只猴子需要通力合作才能取得食物。于是，一只猴子托起另一只猴子跳起取食。这样，两只猴子每天都能取得足够的食物，最后都很好地活了下来。

虽然这只是个猴子取食的实验，但在一定程度上说明了分工合作的重要性。它同时也从一个侧面说明了如何打造一个高效能团队的问题。这就要求领导者注意培养团队成员的合作意识，针对不同人才的特点，合理制定不同的岗位。

星巴克咖啡之所以能成为横跨世界各大洲的咖啡业连锁巨头，与其对高效能团队的打造密不可分。

1987年，西雅图出现了一家街头小咖啡馆。这间小咖啡馆就是星巴克咖啡的前身。如今，星巴克咖啡已经遍布五大洲的34个国家和地区，拥有两万多家咖啡店。可以说，星巴克咖啡能拥有如此傲人的成绩，关键就在于其历来注重高效能团队的建设。

星巴克咖啡注意以商店为单位组成团队，在内部倡导"平等、快乐工作"的团队理念。这是与许多其他大型跨国企业完全不同的一点——星巴克将自己定位为"第三去处"，即家与工作场所之间的栖息之地，所以，在这里，服务者和顾客都可以感受到放松、舒适、快乐的氛围。而这也是公司的愿景之一。

与此同时，不同于大多数企业，星巴克的经营者从不将"投资回报率""市盈率""KPI考核"等挂在嘴边，而是反反复复地提倡"快乐回报"的概念。星巴克的经营逻辑是，只有顾客开心了，才会成为回头客；只有员工开心了，才能让顾客成为回头客；而当二者都开心了，公司也就成长了，持股者也会开心。

为此，星巴克以团队文化作为打造高效企业的最重要手段：

首先，领导者将自己视为普通一员。尽管这些领导者从事着计划、安排、管理等工作，但他们认为自己和其他人一样，并不因为职位高低而有任何特殊性，更不应该享受特殊的权利，而是应该和普通员工一样做事。

为此，星巴克下属的每一个团队的领导均能以身作则，他们会和普通店员一起上班，磨制咖啡，清洗杯碗，打扫店铺。

其次，每个员工在工作上都有较明确的分工，每个人各司其职，各有专攻。例如，负责接受顾客点单、收款的员工要将此项工作做好，负责咖啡制作的员工要完成制作工作，而负责管理内部库存的员工则要把好库存关，等等。

不过，尽管各司其职，但每个人都接受过店里任何一项工种的技能培训。可以说，星巴克的员工在分工合作的同时，又有很强的"工作不分家"的概念。换言之，当一个咖啡制作员忙不过来的时候，其他人倘若手头的工作不算太忙，就会主动帮这个员工，这样做能有效地缓解紧张的工作气氛，也因此避免了旁观者效应的出现。

最后，鼓励合作，奖励合作，有针对性地培训合作意识。为此，所有在星巴克工作的员工，不管来自哪个国家，在咖啡店开张之前，都要到位于西雅图的星巴克总部接受为期三个月的集体培训。当然，公司并非想要用三个月的时间让员工学习研磨、制作咖啡的技巧，而是想在这三个月中对员工进行磨合培训，用这一段时间让员工接受并实践平等、快乐的团队工作理念。这可以在很大程度上消除来自的国家不同、风俗文化不同而导致的交流障碍。

比如，星巴克要求员工彼此之间直呼其名，但考虑到各国的习俗和文化不同，于是就给每个员工都起一个英文名字，以称呼对方英文名字的方式来解决这一问题。此外，公司还设计了形式多样的小礼品，以及时奖励员工的主动合作行为，让每个人都时时体会到合作是公司文化的核心，是受到公司管理层高度认可和重视的，进而鼓励和培养协同一致的合作氛围。

正是采用了这些措施，星巴克打造了一支精干而高效的团队，从而避免了华盛顿合作定律反映的现象出现，大大提升了企业的工作效率，并缔造了咖啡业界的庞大帝国。

## 情绪定律：
## 情绪，看不见的隐性能量

所谓情绪定律，是说人百分之百是情绪化的，即便一个人再理性，当他（她）"理性"地思考问题的时候，其实也受到了自身情绪状态的影响——"理性地思考"本身就是一种情绪状态。一言以蔽之，人都是情绪化的动物，任何时候做出的决定都是情绪化的决定，甚至可以说情绪决定一切。

当你情绪高昂的时候，会发现看什么都顺眼，做什么都顺手，什么事都做得很好；而当你情绪低落的时候，你会发觉自己看什么都不顺眼，做什么事都不顺心，什么事都做不好。这就是情绪的强大影响力。

心理学上有一个很著名的小故事，叫"法液缉凶"。

在某岛上生活着一个未开化的部落。有一天，村里发生了一起杀人命案，为了找出杀人凶手，村民们请来了一个大师。大师仔细观察了村民们提出的几个嫌疑人，决定让所有嫌疑人都喝下"法液"来验证谁是凶手。这种"法液"是一种有一定毒性却不致死的液体，在嫌疑人喝之前，大师告诉他们，这种"法液"清白的人喝了不会有事，而凶手却会有事。所有嫌疑人都信誓旦旦地表示，自己不是凶手，也都喝下了"法液"。

不久后，喝了"法液"的嫌疑人大多安然无恙，其中只有一人——也就是真正的凶手，整天担惊受怕，惶惶不可终日，觉得自己难以逃脱罪责，并为此绝望不已，没过多久就死了。这就是情绪的巨大影响力——清白的人坚信"法液"不会伤害自己，情绪安定，自然也就安然无恙；而凶手却心存恐惧，觉得"法液"会对自己伤害很大，情绪低落，终日绝望，身体就会相应地有所反应，很容易导致心力衰竭，最终走向死亡。

在日常生活中，你经常会发现这样的现象：同样一件事情以不同的情绪对待，就会有不同的结果。德国著名的化学家威廉·奥斯特瓦尔德就曾经有这样的经历，他因为自己的情绪变化，差一点使另一名获奖者贝奇里乌斯与诺贝尔奖擦肩而过。

奥斯特瓦尔德成名之后，经常有很多人慕名给他寄送稿件，希望得到他的指导和帮助。有一天，他牙病犯了，疼痛难忍，情绪自然不高。当他坐在办公桌旁准备办公时，发现有一位不知名的青年给他寄来了一份论文稿件。他按捺住心底的坏情绪拿起稿件粗略看了一下，感觉满纸都是奇谈怪论，论点更是不知所谓，简直是在浪费自己的时间，于是顺手就将其丢进了纸篓。

又过了几天，奥斯特瓦尔德的牙病好了，不再疼痛了，情绪也变得高昂起来，那篇论文中的一些奇谈怪论又在他的脑海里闪现出来。于是，他急忙从纸篓里翻找出那篇论文，认真研读之后，觉得这篇论文很有科学价值，便马上给一份科学杂志写信，推荐了这篇论文。

不久之后，这篇论文得以发表，一下子轰动了学术界。后来，这篇论文的作者贝奇里乌斯因此而获得了诺贝尔奖。贝奇里乌斯在化学领域做出过重要贡献，是化学元素符号的首倡者以及量子化学大师。他在化学领域成就斐然，比如，是他第一次采用现代元素符号并公布了当时已知元素的原子量表；是他发现和首次制取了硅、钍、硒等好几种元素；是他首先使用"有机化学"的概念等。因为这些名垂青史的贡献，贝奇里乌斯成为19世纪举足轻重的化学权威。

回想一下，如果奥斯特瓦尔德的情绪没能很快好转，而在好转后忘记了那篇论文，想必会让焦急等待的、亟待专家肯定的青年作者贝奇里乌斯再多受一次挫折，而奥斯特瓦尔德自己也将错失这一发现千里马的机会，与发掘一位天才的伯乐之名擦肩而过。

生活在这个世界上，我们会遇到无数的事情，进而会形成数百种情绪，这些情绪或泾渭分明，或相互渗透，各种情绪彼此混杂在一起，形成一个复杂的、变化纷繁的情绪系统。若是想以更好的态度对待一件事情，我们就要努力改善不良情绪，以饱满热情的态度面对遇到的种种问题。

当你觉得有不良情绪出现，心情低落时，要能尽量避免不停地对比和回顾自己曾经的成就，隔绝相关的刺激源，把注意力尽快转移到能平和自己心境或振奋精神的事情上来。

"人不仅仅是消极情绪的放大镜,而且也是积极情绪的制造者",面对同一现实或情境,从一个角度看问题,就可能引起消极的情绪体验;而从另一个角度看问题,就可能发现其中的积极意义,把消极情绪转化为积极情绪。

正如诗人雪莱的著名诗句——"冬天已经来了,春天还会远吗?"换一个角度看问题,萦绕在你心头的阴云很快就能消散开来。

# 第十二章

## 答布效应：
## 找准自己的人生定位

## 答布效应：
## 规范自己的角色，才能找准自己的位置

所谓答布效应，是指一个人的角色行为是由角色规范所"导演"的。一个人要表现出良好的角色行为，就要提高角色的扮演水平。为此，就要依据角色规范来认识其面貌，理解其意图，落实其要求。

这里的答布，就是角色规范的代名词。答布效应强调了角色规范的重要性，它对于我们规范自己的言行，使自己更好地融入社会和团体起着极其重要的作用。

那么，何为答布？研究认为，原始社会就有一种传统的习惯和禁律，英文中称之为"答布"（taboo）。它是人类社会最初期的一种生活规范。当时尽管还不存在宗教、道德、法律等观念，但是，人们在生活中已经将这三者混合起来统一使用。因此，答布就被史学家称为法律诞生前的公共规范。

为什么会出现答布效应呢？社会心理学家分析，由于原始社会的科学文化水平很低，所以，人们对于所谓的神怪或是污秽事物有一种禁忌心理，认为如果触犯禁忌，就会蒙受灾祸，因此一定要远离它

们、畏敬它们。于是，在这种信念的基础上就形成了答布这种习俗。

同时，当时的文化发展水平让人们初步认识到，作为参加社会活动的个体，其行为要服从于一定的法则和行为规范——答布效应因此而出现。

随着现代社会的科学文化的发展，现代人规范自己的角色行为已经不再依靠答布这类的禁忌。不过，从社会心理学的意义上来说，答布效应揭示了角色行为是由角色规范所"导演"的内涵，因此，它实际上说明了一个社会如何使其成员的行为遵从社会规则，适合一定的阶级要求、行为规范与道德准则，或是倡导其成员遵从本民族的文化规范。

须知，任何一个社会都有一套约定俗成的行为规范，并延续成百上千年，其内部的所有成员都必须遵守。从这个角度而言，答布效应在任何社会里都是客观存在的。

答布效应的原理告诫我们，要用角色规范来规范自己的行为，这不仅表现在社会对每一个成员的总体要求必须符合特定的法制观念和道德观念的规范框架，而且还反映在对个体"扮演"某一具体角色时也要符合特殊的角色规范。只有如此，一个人才能找到自己的定位，才能扮演好自己的社会角色，并做出应有的贡献。

琳达·乔依·沃切纳是沃纳考公司的总裁。她给自己的评价是，"对于尽善尽美地做好自己的工作，我有种永无止境的欲望——越接近目标越好"。的确如此，沃切纳从不曾妄想一步登天，而是遵照答布效应的内核，一步一步规范自己的社会角色，以角色规范要求自己,实现最后的角色转换。

沃切纳16岁高中毕业后就进入布法罗州立学院学习,主修商业管理。在大学期间,沃切纳为自己进行了明确的人生定位,并以角色规范严格要求自己。她认识到,现在的自己只是一个普通的、毫无经验的大学生,要想获得丰厚的社会实践经验,必须经过严格的基层实践训练。于是,在每个假期,她都要求自己到纽约的百货商场打工,以此为未来的发展奠定基础。

就如她自己后来所说的——她几乎在纽约的每家商场都做过售货员。除此之外,她还在大学期间积极参加校外活动——当考试监考员,批阅卷子,做家教等,因为这也是一名大学生和成长中的青年应该遵守的角色规范。

1966年,20岁的沃切纳从大学毕业,获得了工商管理学士学位,随后,她进入了零售服装行业。从此,她开始以新的角色规范要求自己。她梦想拥有自己的公司,不过她同样清楚,任何伟大的幻想家都要从底层起步。于是,1969年,她开始了胸罩采购员的工作。当然,她一如既往地以这一职位的角色规范要求自己、提升自己,同时积累经验。两年后,她成了位于纽约曼哈顿34街区的著名的马西斯商场中最年轻的采购员。

五年的采购员生涯让她积累了丰富的经验,并成了服装行业的专家。后来,由于实现了非同寻常的业绩,她成为主宰沃纳考公司生产和人事大权的高级领导者,并在45岁时实现了让公司入选"《幸福》500家知名大公司"的愿望,同时还成为当时仅有的三位《幸福》杂志评选的"500家大公司女董事"之一。

沃切纳的经历在商界产生了轰动效应——她在自己从事过的每个职位上都表现绝佳，为人称道。但若是对她的成长经历用心观察，我们会发现，正是由于无论从事哪一种工作，她都会以相应的角色规范要求自己，从简单的工作和低微的职位上一步步走过来，然后扎扎实实、脚踏实地地达到了事业上的辉煌。

正如答布效应的意义所指，我们每个人在社会上的角色都有着相应的角色规范，一个人生活在社会上，就如同在舞台上演出，首先必须贯彻导演的总体要求；此外，还要依据自己所扮演的角色的规范要求去表演。只有将二者紧密结合，方能成为角色和行为的统一体。

换言之，在社会生活中，我们一方面要遵守社会规范对所有社会成员的共同要求，另一方面还要内化对某一种角色的特殊规范。

我们必须根据自己的定位去思考、去行动，以使自己的行为既符合角色规范的普遍要求，又能达到其特殊要求。如此，才能将普遍性和特殊性相结合，才能融合共性与个性，进而在社会舞台上找到自己的角色定位，实现自己的人生价值。

## 冷热水效应：
## 预设伏笔，为人际沟通加分

冷热水效应同样来自一个有趣的心理实验：在实验者的面前放置三杯水，一杯是保持恒温的温水，旁边还有一杯冷水、一杯热水。实验者先将手放在冷水中，再放到温水中，他会感到温水很热；实验者再将手放在热水中，再放到温水中，他会感到温水很凉。

同一杯温水因为手放入顺序的不同，出现了两种截然不同的感觉。

冷热水效应表明，人人心里都有一杆秤，只不过秤砣并不一致，也不固定。随着人的心理的变化，秤砣也在变化。当秤砣变小时，它所称量的物体的重量就大；当秤砣变大时，它所称量的物体的重量就小。人们对事物的感知就受这秤砣的影响。

这就提醒我们，在处理人际关系时，要善于运用冷热水效应，使自己在人际交往中如鱼得水。

杰克逊先生是某汽车销售公司的金牌销售员，每月都可以卖出30辆以上汽车。因此，经理对他相当赏识。最近，因为市场状况不好，杰克逊预计这个月只能卖出10辆车。但他知道，经理对于这个预测肯定是相当不满意的。于是他这样对经理说:"由于银根紧缩,市场萧条,我估计这个月顶多卖出5辆车。"经理点了点头,对他的看法深表赞成。结果,到了月底,杰克逊竟然卖了12辆汽车,经理对他大大夸奖了一番。

试想,倘若杰克逊开始就对经理说本月可以卖15辆,或者根本不提可以达到的结果,相对于卖出12辆车的结果,经理会如何看呢?他当然先会强烈地感受到杰克逊的业绩严重下滑了。为此,经理不但不会夸奖他,反而可能会指责他。聪明的杰克逊深谙冷热水效应,于是先将最糟糕的情况——顶多能卖5辆车,如实地报告给经理,给经理送上一杯冷水;而当月业绩出来以后,经理却得到了一杯热水,自然对杰克逊的评价不降反升了。

为人处世,免不了会遇上不顺的时候,免不了会无意中伤害他人,免不了需要对他人进行批评、指责,此时,如果巧妙地运用冷热水效应,不但不会有损自己的形象,反而会获得他人心目中良好的评价。

当你遇到事业上不如意的时候,不妨预先将最糟糕的事态委婉地告诉别人,以后就算是自己失败了,也可立于不败之地;当你不小心伤害到他人的时候,不妨采用超过应有限度的道歉方式,以此显示出你的诚意和歉意,同时也会收到"化干戈为玉帛"的效果;当你打算说出令人不快的话语时,你也可以提前声明,这样就不会引起他人的反感,使他人体会到你的用心良苦。

换言之,这些方法都是运用冷热水效应,通过提前设一两处

"伏笔"的方式，使对方心中的预期变小。如此一来，当最后的结果超出预期时，对方的心情自然就好多了。

马克是某化妆品销售公司的经理，因为工作的需要，他想让中心店的推销员玛丽去近郊区的分店工作。在找玛丽谈话时，马克说："公司高层经过研究，决定让你担任一项新的重要工作。现在，有两个地方可供选择，一是在远郊区的分公司，二是在近郊区的分公司。"

玛丽尽管对于离开自己已经熟悉的中心店不满，但权衡再三之后，相比远郊区，她还是选择了近郊区。而她的选择正好是马克的想法。于是，马克不费唇舌地达到了自己的目的，而玛丽则认为自己选择了一项比较理想的工作岗位。双方均得到了满意的结果，问题也得以迎刃而解。

在这个事例中，设置一个作为对比项的"远郊区"，从而暗合了冷热水效应，让玛丽在心中有了轻重对比，从而顺利地接受去近郊区工作。可以说，这是对冷热水效应的灵活运用。

由此可见，当我们想达到一个不太好让对方接受的目的时，不妨设定一个更糟糕的条件。于是，借助于冷热水效应，先给对方送上一杯"冷水"，再将"温水"或"热水"一一送上，对方往往会欣然接受那个次佳条件。

冷热水效应在人际交往中发挥着极大的作用，恰当运用的话，可以让我们的人际关系变得和谐而愉悦，并让说服工作或沟通谈判达到事半功倍的效果。

## 刚柔定律：
## 过分执着，往往失之于偏执

所谓刚柔定律，是指一个人要懂得"拿得起，放得下"的道理，既要懂得知难而上，也要学会适时放弃。换言之，这一定律告诉我们，认真执着地追求理想是一个人成功的重要因素，但是，过分执着却往往失之于"偏执"。它提醒我们，要学会因时因地权衡得失，尤其是要懂得变通。

拿破仑率军大举侵俄时，在莫斯科围城之战中，法军遭遇重大失利，不得不向后撤军。在回撤的途中，法军为了轻装前进，不断丢下众多物资。于是，一个农夫和一个商人相约去法军溃败的路上寻找发财的机会。他们的运气不错，很快就找到了一堆羊毛。二人平分后，就背在肩上回家了。结果，在回家的路上，他们又看到好几匹丝绸，于是农夫赶紧将沉重的羊毛抛开，挑选了几匹精美的丝绸背在身上；可商人看到被农夫丢掉的羊毛时，却动起贪婪的念头，他把农夫扔掉的羊毛和剩下的丝绸全都背在身上，气喘吁吁地往回走。

随后，没走多远，他们又发现了许多银质餐具，农夫同样毫不犹豫地将丝绸扔掉，挑选出做工精美的银器背在身上。而商人尽管此时重物压身，甚至都无法弯腰了，却还是费力地捡着地上的东西。没想到，天公不作美，没走多远，风雨大作，农夫一看，连忙往家跑，跑回家后把背着的银具变卖掉，从此过上富足的生活；而商人身上背着的羊毛和丝绸被雨淋湿后更加沉重，结果，疲惫不堪的他一个踉跄跌倒在泥泞之中，再也没能起来。

这个故事相当形象地说明了不懂得变通、不知适时放下之人的悲哀。大千世界有太多的未知诱惑，欲望太多会让人痛苦不堪，要懂得该放就放，有失才有得，如此才能度过快乐的一生。很多时候，有的选择看似是一种失去，但从长远来看却可能是放下了包袱，比起不肯放下的人来说，这样的人是真正的智者——他能够站在成功的山头丢下重物，面带微笑走向更高处。

无数事实证明，人的很多痛苦是过分拘泥、不知取舍造成的。而这种不知变通则是我们自身的不觉悟导致的。这种不觉悟，说白了就是一种过度的执着。从某种意义上说，执着是一种坚持，偏执也是一种坚持。二者的不同之处在于——执着有意义，偏执无意义。当然，有时，这二者之间的差别并不是那么明显，其中分寸的掌握要靠个人审时度势。而这就需要我们学会把握事物的轻重缓急。

须知，人的一生有很长的路要走，学会"放下"，正是在漫长的人生中"抓大放小"的诀窍。而放下可以让我们更好地进取，退却是为了更好地前进。当一个人放下小利，舍弃虚荣，淡泊名利，轻装上阵的时候，他（她）就会以更加成熟和松弛的心态去迎接未来的挑战。当然，在"放下"的同时还须付出加倍的努力，这样，预期才能最终成为现实。这就是刚柔定律要告诉我们的。

面对现实生活中的成败得失，我们如何正确地调适自己的心态，做到拿得起，放得下呢？这就要看一个人的生存智慧了。而这种智慧就是一种变通之道，有的时候，百折不挠、始终如一的态度的确是通向成功的一把金钥匙。但是，在某些特定的情况下，这样的态度并不意味着凡事必须勉力为之，苛求结果。我们要知道，在一个人的生命中，过程远比结果重要。所以，要清楚，很多事情如果负担不了，甚至危及己身或他人时，就必须应该放下。如果当断不断，太过执著，作茧自缚的就会是自己。

在动物界有种蜘蛛猴，其个头很小，差不多只有十几厘米高，它们生活在亚马逊密林中最高的树上。多年来，人们一直想捕捉它们，却一直苦无良策。后来，当地的一位土著想出了一个最简单的办法。他在小玻璃瓶里装一粒花生，放到树下。当人离开后，蜘蛛猴就会从树上爬下，把手伸进瓶里抓住花生。由于握住花生的拳头太大，蜘蛛猴的手怎么也拔不出瓶口，于是蜘蛛猴就这样轻易地成了人类的猎物。奇怪的是，当人把它带回家后，蜘蛛猴仍然攥着瓶里的花生不放手——原来它就是不肯丢下那粒花生。

这个故事告诉我们，一个人只有懂得放下，才能掌握命运和自我。人一生要走的路途是漫长的，学会"放下"，正是掌握丢弃不必要东西的技巧。毕竟，我们要给自己的"思想库"腾出更大的空间去应对未来更多的挑战。

心理研究表明，那些不愿意放下的人，恰恰就是那些做事时拿得起但放不下的人。这些人的突出特质就是要求完美。不论大事小事，难事易事，他们都要求自己做到最好，臻于完美。到最后，这种严苛的态度就容易演变成不分轻重，不分主次，甚至是时时纠结、事事纠结。一旦遇到压力或阻碍，事情就很难做好。如此一来，这样的人就会怀疑自己的能力，会想要做得更好，但恶性循环的结果是反而做得更糟糕，最终会对自己产生怀疑，而沮丧和忧郁等负面情绪就会趁机冒出头。

人心是一个有限的空间，如果在其中放入的东西太多，人生就会过于沉重。而那些存入的开心的、不开心的东西会让我们的生活变得杂乱无章，于是心思也会跟着乱起来。尤其是痛苦的情绪和不愉快的记忆更会令人萎靡不振。所以，放下该放的事，能够使黯然的心变得亮堂；把事情理清楚，才能告别烦乱的生活；把一些无谓的痛苦扔掉，快乐就有了更多、更大的空间……

如此轻装上阵，我们做事时就会伸缩有度、游刃有余，也就有了更多的精力和时间去把生活过得更精彩，从而获得更多新的收获和新的体验。

## 特里法则：
## 承认错误是一个人最大的力量源泉

特里法则源于美国田纳西银行前总经理L.特里的一句管理名言，后发展为一种心理法则。其内容是，承认错误是一个人最大的力量源泉，因为正视错误的人将得到错误以外的更多东西。其核心意义就是——敢于认错，这一行为本身就具有很大的价值。

1954年的年末，12岁的杰克和平时一样，在上学前给附近的邻居送报纸，以此赚取他所需要的零用钱。这天，风和日丽，杰克因为头一天晚上睡得有些晚，所以起得有些迟了。他想尽快送完报纸，然后去上学。于是，他用比平时快了一倍的速度奔跑，为客户送去报纸。最后一份报纸就是丽莎夫人家的了，丽莎夫人是他的一位客户，她是一位慈祥善良的老夫人。杰克一向和这位老人相处融洽。杰克向丽莎夫人家奔跑着，眼看着同学一个一个说笑着向学校走去，好朋友汤姆还远远地冲他嚷着加油，不然就迟到了。

杰克更着急了。眼看距离丽莎夫人家还有一段距离，杰克干脆扬起手中的报纸，卷在手中试了试，看看能不能扔进院子。但报纸太轻了，他就从地上拾起一块石头，将它卷在报纸中间，接着将报纸掷了出去。没想到，裹着石头的报纸偏离了方向，一下子扔到丽莎夫人家后廊的一面窗户上。当听到远远传来的玻璃破碎的声音时，杰克吓得立即逃走了。

这一整天杰克都心神不宁，一想到丽莎夫人家的玻璃就很害怕。然而，这一天过去了，丽莎夫人没来找他，一点儿动静都没有。杰克确信已经没事了，但内疚和自责却与日俱增。第二天，他还是照旧给老夫人送报纸，她也仍然微笑着和他打招呼，而杰克却觉得很不自在。最后，杰克暗下决定：把送报纸的钱攒下来，给老夫人修理窗户。

三周后，他把攒下的7美元钞票及一张便条放在一个信封里，然后趁着夜色悄悄地放在丽莎夫人家门口的信箱里。在便条中，他向老夫人解释了事情的来龙去脉，并且向老夫人道歉，希望能得到她的谅解。

第二天，当他又去给丽莎夫人送报纸时，杰克的内心十分坦然，而丽莎夫人看起来也很高兴。她在杰克送完报纸要离开时，递给他一样东西，并且说："这是我给你的礼物。"杰克打开一看，是一袋饼干。于是，杰克一边吃着饼干一边向学校走。饼干吃完后，杰克发现袋子底下是一个信封，里面装着那7美元纸钞和一张彩色的祝福信笺。

这是一个相当温馨的故事，极其通俗地说明了勇于认错对于一个人获得内心解脱的重要性，也说明了勇于认错对于建立良好的人际关系的重要性。这一点，无论是对普通人还是对领导人来说，都极为重要。

1979年11月，在德黑兰发生了旷日持久的"伊朗人质危机"，美国大使馆被占领，66名美国外交官和平民被扣留为人质。后来，营救人质的作战计划失败，为此，时任美国总统吉米·卡特在电视节目中坦承了自己的错误，声明"一切责任在我"——这一举动不但无损于他的总统形象，而且令民众支持率上升了10%以上。

不管是总统也好，平民也罢，我们每个人都是凡夫俗子，都有自己的缺点，难免会犯一些错误。大多数人在犯错误的时候，都会急于粉饰或隐瞒自己的错误，担心承认错误会很没面子。其实，承认错误并非丢脸的事，相反，它恰好体现了一个人的勇气和力量，还可以让人获得某种程度的满足感。因为此举不但可以清除罪恶感和负疚感，而且有助于解决这一错误所带来的种种后续问题。

须知，一个能主动认错的人更富有责任感，更愿意承担责任，也更容易被他人接受。一个勇于承认错误和失败的企业也更容易获得员工、客户的信任和支持，也会为自己重新调整市场策略、重新取得市场争取到宝贵的机会。

## 韦奇定律：
## 尊重内心深处的真正选择

韦奇定律的内容是，即便一个人再有主见，如果身边有十个朋友的观点正好与他相反，那么，他就很难继续坚持自己原先的观点。

这一定律有四个要点：一是有主见对于一个人来说是非常重要的一件事；二是确定你的主见源于对客观事实的把握，并且不等同于固执；三是面对他人的意见，听时不应有成见，听后不可无主见；四是不怕开始时的众说纷纭，就怕最后的莫衷一是。

简言之，一个人要在客观分析其他人的意见的前提下，坚持自己的主见，不要轻易放弃立场，任由外界的纷扰干扰自己的价值判断。

人是有思想、有意志的高级动物，他人的言论中难免会掺杂从其个人目的出发的主观成分，倘若我们一味地听从他人的意见，不经过自己的独立思考，就很容易随波逐流，无法做出客观、有利的判断和选择。须知，无论什么样的意见或决策，必定会存在反对的声音，我们不可能让所有人满意。

因此，避免不受他人言语干扰的唯一方法就是——坚持自己的主见，尊重内心深处的真正选择。而一个人要做到这点，就要恪守自己的操行，排除外界的干扰和诱惑，不为外物所役，不为名利所困，做到"一念之非即遏之，一动之妄即改之"。

1738年，27岁的罗蒙诺索夫正在德国的马尔堡大学学习，师从当时大名鼎鼎的沃尔夫教授。然而，一天，该校校刊《德国科学》杂志刊登了一篇论文，点名批评了沃尔夫教授所持的学术观点。这样的学术批判本来很平常，也并不可怕，但让人惊异的是——那篇论文的作者竟是罗蒙诺索夫——他可是沃尔夫教授的得意门生。

这件事马上引起一场轩然大波。人们对罗蒙诺索夫纷纷报以指责和谩骂，有人称其为忘恩负义的小人，有人干脆指责他是不知天高地厚的狂妄分子，还有人冷嘲热讽地说他踩着老师的肩膀往上爬……

面对这些唇枪舌剑，罗蒙诺索夫没有畏缩，也没有一一予以驳斥，而是以非常耐心、诚恳的态度向大家解释。他认为，在科学的大道上，必须有自己的独立见解，勇于走自己的路，才会成为一个有出息的学生。作为一名学生，毫无疑问，应当认真、虚心地向老师学习，但对于老师的那些不正确的观点，决不能盲从。他由衷地说："我爱我的老师，但我更爱真理。"

可以说，罗蒙诺索夫后来能取得巨大的成就，与其坚持自己的主张，不受他人的影响有着极大的关系。那么，为什么人会容易受到他人的观点或看法的影响呢？心理学研究表明，人之所以容易受到他人的意见左右，是因为我们的依赖心理。

依赖心理是一种消极的心理状态，对一个人人格的完善，自主性和创造性的产生都会起到巨大的阻碍。

这种心理有以下几个特征：一是在没有得到他人明确的保证和建议时，无法对日常事务自主地做出决定；二是独处时有深深的危机感和无助感；三是很难独立进行自己的计划或工作；四是因担心被遗弃，即便知道别人的观点不对，也会随声附和；五是为讨好他人放弃原则和自尊，违心地去做自己不喜欢的事；六是中止与某人的亲密关系时感到不知所措、犹豫彷徨。总之，不能坚持自己的主张，不管是怎样的表现，均体现了我们心理的脆弱。

那么，如何克服依赖心理呢？那就要客观看待韦奇定律，实事求是地分析自己的行为，自觉地减少依赖行为，增强独立判断的能力，并相信自己的判断，增加自信心，及时调整心态，树立自立自强的精神。当然，这其中最重要的是要培养独立的人格，坚持什么事情都自己亲力亲为，哪怕是十分有难度的事情，也尽量不依靠他人。

总之，面对我们在追求梦想的过程中经常会遇到的指责、批评或怀疑，最重要的是自己必须能坚持全面而理性地分析，不随波逐流，不人云亦云，坚持自己的观点，深入洞察矛盾和问题的动因，做出清醒的、明智的判断。

第十三章

过度理由效应:

深入发掘内因,才能发现事物的本质

## 过度理由效应：
## 深入发掘内因，才能发现事物的本质

每个人都尽量让自己和他人的行为看起来合理，因此，总是在为自己的行为寻找理由。一旦找到足够的理由，人们就不会继续找下去。而且，在寻找理由时，人们总是习惯于先找那些显而易见的外部原因。所以，倘若外部原因足以对行为做出解释，人们通常不再去寻找内部的原因。这就是社会心理学上所说的过度理由效应。

过度理由效应在日常生活中可谓随处可见。比如，当得到亲朋好友的帮助时，我们会认为这是理所当然的，因为对方是我们的亲戚或朋友，既然彼此关系紧密，那么，理所当然应该帮助我们；若是获得了陌生人的援助，我们就会认为对方乐于助人，原因是我们无法用"亲戚""朋友"这样的外部理由来对对方的行为加以解释，仅能从其人格内部找到原因。

由此看来，过度理由效应提示我们：凡事不要浮于表面，要深入挖掘其内在原因，如此才能发现问题的本质。

一天，美国通用汽车公司的庞帝雅克部门收到一个客户的投诉信,抱怨自己家习惯每天在饭后吃冰淇淋,可是,最近刚买了一部新的庞帝雅克(通用汽车当时推出的一款新车型)。没想到,自从开上这部车,自己每次只能买其他口味的冰淇淋——一旦买香草口味的冰淇淋,从店里出来后车子就发动不了。

通用下属的庞帝雅克部门马上派出一位工程师去查看原因,而调查证明,情况的确如此。这位工程师肯定不会相信是这辆车子对香草过敏。于是,他经过深入的调查、分析后认为,在这位顾客所去的那家冰淇淋店里,因为香草冰淇淋最畅销,为了方便顾客选购,店家就把香草口味的冰淇淋专门分开,陈列于单独的冰柜中,并将冰柜放置在店的前端,而将其他口味的冰淇淋放置在离收银台较远的地方。这样一来,这位车主买香草冰淇淋所花的时间显然就比买其他口味的冰淇淋少。

他又发现,新款庞帝雅克之所以发动时间长,问题就出在"蒸气锁"设计上。当这位车主买其他口味的冰淇淋时,因为花费的时间相对较长,引擎可以有足够的时间散热,于是重新发动时就没有太大的问题。而买香草冰淇淋时,因为花的时间短,引擎缺少足够的时间让"蒸汽锁"散热,于是就难以再次发动。

这一事例证明了过度理由效应背后的深刻含义,同时也提醒我们,如果我们希望某种行为得以保持,就要避免给其过于充分的外部理由——这一点在企业管理中的激励策略上表现得尤其突出。

作为一种管理艺术,激励策略包括精神激励和物质刺激两种。然而,在实际操作中,人们发现,相比精神激励,物质的奖励刺激在某种程度上更能促使员工保持高涨的热情——对于处于低潮中的人尤其如此。

不过，倘若在很长一段时间里激励的方式一直不变，奖励便会成为工作之外的附加理由。而一旦失去额外的奖励，或者奖励无法满足其需要时，员工的工作主动性和积极性反而会不如从前。

心理学研究也表明，精神奖励往往可以激发一个人的自尊心和上进心，因此，恰当的奖励的原则最好是精神奖励重于物质奖励，不然，就会使员工产生"为钱而工作"的心态。同时，还要注意抓住奖励的时机，掌握分寸，不断革新。这正是管理者在员工管理时正确运用奖励机制，避免过度理由效应的科学依据。

## 关系场效应：
## 群体与个体的博弈

关系场效应是广泛应用于社会心理学中的一种理论。即在群体活动中，既有可能产生增力作用，又有可能产生减力作用。

简而言之，从群体成员活动的效率角度上看，假如出现"1+1+1"大于3的情况，那么，可称之为"群体的增力作用"；假如出现"1+1+1"等于0的情况，那么，则可称之为"群体的减力作用"。这种在由不同的角色扮演者组成的群体中产生的内聚力或摩擦力，在社会心理学上统称为关系场效应。

关系场效应提示人们，在与集体融合的过程中，既不能忽视群体对个体智慧的促进作用，又不能一味地迷信群体活动在任何情况下都比个体活动更有效率。它实际上道出了权利的微妙之处，也体现了个人奋斗的精神。让我们一起来看一看这其中的不同情况及其产生的原因。

关系场效应中的群体增力作用相当多见，我们常见的少数服从多数的原则，体现的就是这种关系场效应。在某些时候，群体决策的精确性之所以高于个人决策，是因为群体成员间的相互提示和启发促进了信息交流，提供了许多选择方案，同时，成员间还能彼此检查对方意见所存在的不足。

相比之下，个人决策由于是单独进行的，不能多方交流信息，也无法检视自己的意见是否正确，所以难免出现问题和失误。

当然，群体增力作用可以有效提高决策的科学性，提升决策结果的被接受程度，增强员工的归属感和组织的凝聚力，有利于决策的实施。但是，也要注意关系场效应中群体的减力作用的影响，即心理学上所说的责任分散效应的影响。责任分散效应提醒我们，在做群体决策时，要注意群体内部的从众心理，以免造成决策失误，进而导致不可避免的损失。

那么，该如何避免关系场效应中的群体减力作用呢？这就要求我们首先要区分问题的性质，像战略重点选择、重大投资决定这类知识敏感型决策，要求决策的质量和科学性，一旦有失误，后果将不堪设想，所以要多花些时间反复论证，从而保证决策的科学性。

反之，危机事件处理、紧急问题解决等属于时间敏感型决策，强调决策效率和时效性，要求在较短时间内迅速做出决策，这时，采用群体决策的方式就不利于问题的解决。

除此之外，关系场效应要发挥群体增力作用，避免群体减力作用，还要注意避免群体空想。所谓群体空想，是指一群人没有科学依据地空想，并为这些空想找出无数"充足"的理由来论证其可行性，甚至产生极端化的盲目情绪（趋于冒险或保守）。这种现象源于对群体过分自信而产生的一致性思维。

这种现象虽然可以产生很强的凝聚力，但使人有倾向性地选择信息，刻意忽略不同意见。一旦出现这种现象，即使有些人心里有不同意见，也会因担心众人非议，而不敢表达出来，进而导致群体决策的失误。

为此，在进行这样的群体决策时，首先要注意允许并鼓励不同声音的存在。其次可以请某人专门负责"挑错"，在反复的论战中自我完善，保证持反对意见者不被追究，同时加强外部沟通，避免闭门造车。最后，要为决策群体提供"二次思考"的机会，给大家一个反思和自我审视的机会，使得最终形成的决策能兼顾各方利益，达到结果最优。

## 海格力斯效应：
## 和谐的人际关系利他更利己

希腊神话故事中有位大力士，名叫海格力斯（又译为赫拉克勒斯）。一天，他走在坎坷不平的路上，看见地上有个像鼓起的袋子样的东西，难看极了。海格力斯见状便踩了那东西一脚。谁知那东西不但没被海格力斯一脚踩破，反而迅速膨胀起来，体积简直是成倍地加大。这可激怒了英雄海格力斯，他顺手操起一根碗口粗的木棒砸向那个怪东西，结果那东西竟然膨胀到把路也堵死了。

海格力斯实在拿它没办法，正在他踌躇不决之际，一位圣者走到海格力斯近前对他说："朋友，快别动它了，忘了它，离它远去吧。它叫'仇恨袋'，你不惹它，它便会缩小如初；你若是打击它，它就会膨胀起来，与你敌对到底。"

根据这个神话故事，社会心理学家研究发现，在以人为主体构成的社会中，在人际交往或群体中发生摩擦、误解乃至纠葛、恩怨是在所难免的。倘若在此过程中始终背负着仇恨和敌意，只会让自己的生活如负重登山，举步维艰，最终堵死自己的路。这就是海格力斯效应的意义所在。

换言之，海格力斯效应会让人处于永无休止的烦恼之中，错过人生中许多美丽的风景，从此让人失去真正的快乐，不会获得新的进步。

在现实生活中，我们经常可以见到海格力斯效应，比如"以眼还眼，以牙还牙""以其人之道还治其人之身"等俗语，或是"你跟我过不去，我也让你不痛快"等现象。这些均证明了这一人际或群体间存在的冤冤相报、致使仇恨越来越深的社会心理效应。这种心理效应提示我们：在人际交往中，要保持宽容的心态，而不是事事计较，或者封闭在过去的恩怨中难以自拔。转换一下思维方式，你可以选择忽略人际矛盾和仇恨，让其自然淡化或消失，如此才能营造一种和谐的人际关系，也有利于个人和群体的发展。

一位名叫卡尔的卖砖商人和一位同行发生了竞争，因此而陷入困境。对方在与卡尔竞争时，在卡尔的经销区域内定期走访建筑师和承包商，并在他们中间故意散布破坏卡尔信誉的坏话，说他不讲诚信，说他所销售的砖块质量不好……在这样的情况下，卡尔的生意陷入了举步维艰的境地，尽管卡尔对别人说，自己并不认为对手的做法会损害自己，但内心深处还是因此而感到恼火，甚至想找人痛揍对方一顿。

卡尔的公司因为那位竞争对手散播的谣言失去了一份25万块砖的订单，卡尔在极度郁闷中来到了教堂，看到牧师正在向众人讲道。这位牧师讲道的主题是，要施恩给那些故意为难你的人。

卡尔认真倾听着牧师所讲的许多例子，感受着以德报怨、化敌为友的道理，内心受到极大的触动。回到公司后，卡尔在安排下周的工作日程时，发现一位住在弗吉尼亚的顾客要盖一间办公大楼，恰好需要一大批砖。不过，对方指定的砖块型号不是卡尔的公司供应的，恰好是卡尔的对手出售的产品。卡尔确定，那位竞争对手根本不知道这笔生意。面对这样的状况，卡尔内心非常挣扎，他想到了牧师讲的道理，清楚这对于对手来说是一个大好的机会，但对于自己来说也是一个极佳的报复机会。

最后，他还是拿起电话打给了竞争以手，接电话的恰好是对手本人。他听到卡尔告知他的这一信息后百感交集，一句话也说不出来，只是在最后连声道谢。

后来，卡尔再也没听到对手散布有损于公司和自己的谣言，甚至还将自己无法处理的一些生意介绍给卡尔。如此一来，长期缠绕着卡尔内心的压抑情绪得到了疏解。而借助于以德报怨、不计较得失的人格魅力，卡尔也与对手化敌为友。

就如同海格力斯遇到的这个所谓的"仇恨袋"，对于仇恨这种极端的情感，如果你选择忽略它，以德报怨，放下怨念，它会自然消失；如果你与它过不去，加恨于它，始终放不开它，它就会加倍地报复你。

与其在报复对方中造成两败俱伤的局面，不如以一颗宽容、大度的心消除自己和对方的仇恨，为自己营造良好的人际关系。

## 竞争优势效应：
## 让有效沟通成为竞争中的润滑剂

心理学家做过一个经典的实验：让参与实验的学生在未经商量的情况下两两结合，各自在纸上写下自己想得到的钱数。如果两个人预计的金额之和恰好等于100或者小于100，那么，这两个人就可以得到自己写在纸上的钱数；如果两个人预计的钱数之和大于100，比如说120，那么，他俩就要分别付给心理学家60元。结果，几乎没有哪一组学生写下的钱数之和小于100。当然，他们就都得付钱给心理学家。

由此，社会心理学家认为，竞争是人们的天性，人人均希望自己比别人强，人人也都无法容忍自己的对手比自己强。因此，人们在面对利益冲突的时候，往往会选择相互竞争，或者相互对抗，甚至为此而拼到两败俱伤也在所不惜。在双方存在共同利益的时候，人们也往往会优先选择竞争，而不是选择对双方都有利的合作。这种现象被心理学家称为竞争优势效应。

吉米的公司多年来一直经营得当，可谓顺风顺水，很多人向他请教其中的秘诀。于是，吉米讲了自己小时候的一个故事：

小时候，吉米曾经效仿大人们，在院子墙角的空地上种过一株玉米。从玉米冒出嫩黄嫩黄的小芽开始，他就为它浇水、施肥。尽管大人们说，单株玉米是长不高的，因为没有别的玉米和它竞争。但吉米根本不信，依然固执地坚持种植自己的"宝贝玉米"。

一个月后，玉米秆上爬上了一条爬山虎的藤蔓，很快，这根藤蔓竟然长得和玉米一般高了。又过了一个月，玉米长得比吉米还要高出半个头，而且还开花了。懂农事的大人们告诉吉米，赶紧拔掉这株玉米吧，这么单独的一株，既不能授粉，也不能结籽，最后只能当柴烧。吉米还是坚持把玉米留了下来。

几天后，爬山虎开花了，这株玉米仿佛穿上了火红的裙子，长势非常喜人，甚至还招来了蜂蝶，围着它嘤嘤嗡嗡地飞舞。秋天到了，这株玉米结出了四个大个头的果实，个个籽粒饱满，而盘绕在玉米秆上的爬山虎也绿油油的，成了这片院落里一处动人的风景。

这段经历让吉米明白了一个道理：爬山虎和玉米这两个看上去彼此竞争的对手，实际上都帮助了彼此。人和人不也是这样吗？与其拼得你死我活，何不友好合作，用心沟通，放下异议，谋个双赢呢？此后，吉米也将这一道理应用在公司的运作中。吉米因此广结善缘，在业界口碑极佳，不但成就了自己的一番事业，还和许多曾为对手的同行成了彼此扶助的朋友。

不只是吉米的经历让他获得这样的感悟，心理学家在研究中也发现：人们选择彼此竞争的一个重要的原因就是缺乏沟通。如果双方放下既有的成见,就利益分配问题进行妥善的商讨,并达成互惠共识,彼此达成合作的可能性就会大大增加,而陷入激烈竞争的可能性就会大大减少。

## 鲁尼恩定律：
## 谨言慎行，方能成为人生赢家

鲁尼恩定律是奥地利经济学家R.H.鲁尼恩提出的，大意是，赛跑时，不一定是跑得快的人赢；打架时，不一定是最强壮的人赢。这一定律所讲述的道理其实和"龟兔赛跑"的寓意差不多——实力强的不一定能笑到最后。

这也就告诉我们，一个人必须时时戒骄戒躁、谨言慎行，方能赢得最终局，并成为真正的人生赢家。

比尔太太和杰克太太两家比邻而居，两家的孩子都爱画画。一天，比尔太太替孩子买来了一叠纸、一堆笔。然后，她指着一面墙对儿子说："你画的每一幅画都要贴在墙上，给所有来咱家做客的人看。"

杰克太太也给孩子买来一叠纸、一捆笔和一个纸篓，对儿子说："你每画好一张画，就扔到纸篓里去，无论你对它满意还是不满意。"三年后，比尔太太的儿子马克举办了画展，人们面对一整面墙的画作，不由得连声赞叹。

而杰克太太的儿子鲁比呢，还是在一纸篓一纸篓地倒掉自己不满意的画，而人们只能看到他手头始终尚未完成的那一张。弹指之间，三十年过去了。如今，马克的画作已经无法引起人们的兴趣了，而鲁比的精彩画作却横空出世，令世人震惊，也受到越来越多人的喜爱。

这个故事相当形象地说明了鲁尼恩定律中蕴含的深刻道理——"笑到最后的才是胜利者"，成功永远只属于刻意练习、从不言弃的人。

在现代社会中，竞争无处不在。若说竞争是一项长距离的赛跑，那么，一时的领先并不能保证最后的胜利——在此过程中同样存在着"阴沟里翻船"的事例，而且并不少见。同样，一时的落后并不代表会永远落后。只要能客观地检视自己，发现自己的不足，不断地充实、提高自己，然后奋起直追，你很可能会成为笑到最后的那个人。

世界知名的商界大佬洛克菲勒在谈到自己早年从事煤油业时，曾经这样说道："在我的事业渐渐有些起色的时候，我每晚睡觉时，总是这样对自己说：'现在，你有了一点点成就，但你一定不要因此而自高自大，否则你就会站不住，就会跌倒。千万不要以为你有了一点资本，便俨然是一个大商人了。你要时刻当心，要坚持着前进，否则便会被一时的胜利冲昏头脑。'我觉得，我与自己进行这样亲切的谈话，对我的一生都有很大的影响。我非常害怕自己受不住成功和财富的冲击，便训练我自己不要被那些愚蠢的、肤浅的念头所蛊惑,觉得自己有多么了不起,有多么与众不同。"

可以说,洛克菲勒能够成就如此大的事业,并在20世纪早期成为当时的美国首富,与他这种始终戒骄戒躁、克制自省的审慎心态密不可分。

在现实中,相当多的人一旦获得一点成功就变得骄傲自大、目中无人,以至于从此止步不前,无法到达更高的层次,也无法获得更大的成就。须知,只有始终保持奋斗者的心态,始终警醒自己,不断提高自己,不断增强综合实力,一个人或一个企业才能长久地立于不败之地。一时领先于人不一定会长久地领先于人,因为人生不是百米冲刺,而是一场漫长的马拉松,只有坚持到达终点的人,才能取得最后的胜利。

世界著名小提琴演奏家、指挥家、作曲家梅纽因一生对音乐充满激情,其盛名响彻国际乐坛,他的音乐尤以优雅与美妙令世人陶醉。但很多人不知道的是,正是在梅纽因的影响之下,一个擦鞋童用自己的举动验证了鲁尼恩定律的意义。

1952年,作为世界知名的小提琴演奏大师,梅纽因受邀赴日本演出。到了日本后,他无意间听说一个擦鞋童为听他的音乐会,倾其一年的收入才买了一张最便宜的演出门票。于是,在演出结束后,他甩下蜂拥而至的贵宾,找到了那位擦鞋童,问他有什么想要的。这个清贫的孩子只是羞怯地说:"我什么都不要,只想听听您美妙的琴声。"梅纽因深受感动,当即为这孩子拉了一支曲子,随后还将自己心爱的小提琴赠送给了这个擦鞋童。

梅纽因相信，若干年以后，日本会诞生一位了不起的小提琴家。三十年后，当梅纽因再度访日演出时，他想方设法找到了在一家贫民救济院工作的这位当年的擦鞋童。梅纽因得知，三十年来，尽管生活中充满了苦难，但他却多次拒绝了想以高价购琴的人。此外，尽管他已经在小提琴演奏方面有了很高的造诣，但他还是坚持自己唯一的请求：听一听梅纽因美妙的琴声。

又过了十年，在一个日本音乐界组织的访华艺术团里，一位已经在日本家喻户晓的小提琴演奏家以当年梅纽因在日本演奏的曲目让在场的所有听众为之倾倒——他就是梅纽因大师当年遇到的那个擦鞋童。

一段三十年的坚守，成就了一位了不起的小提琴家，也给世人留下了一段音乐界的佳话，更成就了一个关于鲁尼恩定律的传奇故事——一个关于谨言慎行之人方能笑到最后，成为人生赢家的故事。